知名茶·解茶性·通茶史
修茶艺·行茶礼·修茶道

茶里乾坤大，壶中日月长
和睦清心，明伦养性

茶情

Tuguan Cha Tianxia

「渐悟人生如茶 品茶如品人生」

茶香幽远千年史，茗色不减万古情
——中国 **茶之情**

一碗喉吻润；两碗破孤闷；
三碗搜枯肠，唯有文字五千卷；
四碗发轻汗，平生不平事，尽向毛孔散；
五碗肌骨清；六碗通仙灵；
七碗吃不得也，唯觉两腋习习清风生。

何国松／编著

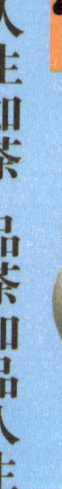

北京工业大学出版社

图书在版编目(CIP)数据

茶情 / 何国松编著. —— 北京：北京工业大学出版社, 2011.11

（图观茶天下）

ISBN 978-7-5639-2864-4

Ⅰ.①茶… Ⅱ.①何… Ⅲ.①茶—文化 Ⅳ.①TS971

中国版本图书馆CIP数据核字(2011)第206711号

图观茶天下 ——茶情

编　　著：	何国松
责任编辑：	江　舒
封面设计：	宋双成
出版发行：	北京工业大学出版社
	（北京市朝阳区平乐园100号　100124）
	010-67391722（传真）bgdcbs@sina.com
出 版 人：	郝　勇
经销单位：	全国各地新华书店
承印单位：	唐山才智印刷有限公司
开　　本：	700mm×1000mm　1/16
印　　张：	16
字　　数：	225千字
版　　次：	2011年11月第1版
印　　次：	2021年1月第2次印刷
标准书号：	ISBN 978-7-5639-2864-4
定　　价：	39.80元

版权所有　翻印必究

（如发现印装质量问题，请寄本社发行部调换 010-67391106）

前 言

一杯茶，品人生沉浮；平常心，造万千世界！

品茶是一种人与自然进行精神交流和情感交流的方式，在这个多样的世界里，不知有多少人因茶相遇、因茶结缘、因茶改变，并结下不解之茶情。

"茶香幽远千年史，茗色不减万古情"，茶滋润了中国人几千年，在我国已有"国饮"之美誉。

"一饮涤昏寐，情思爽然满天地；再饮清我神，忽如飞雨洒轻尘；三饮便得道，何须苦心破烦闷。"有人说，茶是一种神奇的饮品，简简单单，却将所有的芬芳无私地沁入你的心脾；细细啜饮，自己也在不知不觉中变得平易可亲。

我们饮茶虽达不到古人"肌骨清，通仙灵"的境界，但在劳繁的工作之余泡一壶茶，见一壶沸腾的甘露浸润微碧的嫩芽，一股缥缈的白气盘旋升腾开来，感受扑鼻的香气沁人心脾，也能令人陶醉。品茶之余更要体味泡茶的乐趣，祛除尘杂、放松身心，让你在劳碌的生活中多一份清醒与从容，也多一份悠然与超脱。

　　本丛书从茶的起源讲起，以图文并茂的形式，详细介绍了茶之鉴别、茶事掌故、名人茶情等多方面内容，其知识性、趣味性、实用性一目了然，是广大读者不可多得的实用手册。同时，通过本丛书的介绍，也能帮助广大读者在品尝佳茗的过程中领略中国文化的博大精深。

前言

目 录

第一章 茶史略说 /1

茶树的原产地在中国 /2

茶的发展 /5

茶的传播 /8

第二章 名茶地图 /21

茶叶的种类 /22

我国主要茶产区 /36

古代名茶 /38

我国绿茶名品 /48

我国红茶名品 /55

我国黄茶名品 /59

我国花茶名品 /60

我国乌龙茶名品 /63

我国紧压茶名品 /67

第三章　茶叶鉴别/73

茶的不同特性/74

茶叶审评方法/76

茶叶审评程序/77

茶叶审评项目/77

第四章　饮茶新趋势/81

茶饮料的出现/82

代用茶/90

第五章　茶馆种种/99

茶馆史略/100

形形色色的茶馆/107

现代茶馆建设/148

第六章　民间茶文化/157

家庭饮茶之道/158

斗茶习俗/163

分茶/168

茶山万般情/174

第七章　名人茶情/185

名人茶缘/186

第八章　茶事掌故/223

苏轼游径山/224

品茗中走出的神怪鬼魅/226

茶马交易/228

马换《茶经》/230

茶似佳人/233

扑朔迷离的一幅古画/236

世界各国、各地区饮茶习俗/240

第一章

茶史略说

茶树的原产地在中国

在植物学分类系统中,茶树所属的被子植物门,起源于距今约一亿年的白垩纪地层中,而其中的山茶目植物,约产生在六千万年以前。

可以确切地说,茶的故乡是中国,无论原产地、最早发现茶的用途、饮茶、人工种茶和制茶,都是由中国开始。

确定某种树木的原产地,通常来说可从三个方面进行论证:一是文献记载何地最早;二是原生树的发现;三是语音学的源流考证。从这三方面看,茶的原产地无疑在中国。

茶树

有关茶的最早的文献记载,是在秦汉间的两部书:《神农本草经》和《尔雅》。

《神农本草经》一书中曾经指出:"神农尝百草,日遇七十二毒,得荼而解之。"许慎《说文解字》释:"荼即茶。"可见,远古时期的神农氏已经发现了茶,并用为药材。

《神农本草经》乃是秦汉人以神农为名而作,记载了神农氏尝遍百草的故事。神农氏原本为远古时代传说中人物,谁都无从考证,但此说应按口头资料看待,不可轻易否定。

远在公元前1100年,周公时代的学者编成一本《尔雅》(有说是战国时代作品,公元前475~前221年)是当时描述了许多动植物的一部字

典，在公元277～322年，郭璞作了注释。《尔雅·释木篇》中有"槚：苦荼"，《诗经》中有"谁谓荼苦，其甘如饴"、"有女如荼"、"予所捋荼"等，指明当时的苦荼就是槚的一种植物。东晋郭璞《尔雅注》中又写道："树小如栀子，冬生，叶可煮羹饮，今呼早取为荼，晚取为茗，或曰荈，蜀人名之苦荼。"在这时期对茶的性质和利用的认识又前进了一步。

小贴士

《尔雅》，我国最早的一部解释词义的专著，"尔雅"的意思是接近、符合雅言，即以雅正之言解释古语词、方言词，使之近于规范。

以后陆羽《诗经》引了古书《晏子春秋》中齐景公时（公元前547~前490年）有晏婴食"茗菜"的记载（有的写为苦菜、苔菜）。从公元前到唐代对茶的称呼有十多种：槚、詫、诧、荼、苦荼、蔎、荈、茗、游冬、瓜卢、皋芦、过罗、茗菜、苦菜等。因物同而称呼不同，或因方言的不同，音韵转变，文字不同。但最常用的为：荼、茶、茗、荈、苦荼、槚等。因此，荼、茶两字之争论很多，有说荼是属于其他禾本科植物，不是茶树。经过长期的认识和考证，荼、茶均系茶树或茶叶之称，已为广大人民所晓；自秦统一中国后，由于同文同字，至8世纪（中唐时期）时才统一了名称，以"茶"字代表茶树名称，以茶树叶子制成的东西也称为"茶"。

茶的利用始做药料，系采自野生的茶树。唯用为饮料，可能是采自野生的，也可能采自栽培的。但何时开始作为饮料，史料极缺，只有公元前59年的王褒《僮约》一文，是

神农氏雕塑

云南野生古茶树

一张对佣人的契约,其中曾提到"武阳买茶""烹茶尽具"等工作内容。指明茶叶在那时已成为商品,客来请茶,要把烹茶饮茶的器具先准备好。可证当时饮茶之事已成为富豪贵族的家常事了。

从茶的利用和方言来看,蜀的西南称茶为蔎,云南称茶为茗等。很多名茶皆产自我国西南少数民族聚居的地区,故宋朝范成大有诗"蜀土茶称圣"之说。在《神农本草经》也提到"苦荼,生益州川谷山陵道旁凌冬不死,其叶可治病"。又据东晋(317~420年)常璩于公元347年所写的《华阳国志·巴志》:周武王于公元前1066年(注:现历史学界公认为前1046年)联合当时居于四川、云南等地的"方国部落"共同伐纣之后,巴蜀所产之茶已列为贡品,并且有"园有芳蒻、香茗"的记载。在川谷、山陵、道旁的茶树,属于野生的可能性较大,而"园有香茗",可能是属人为栽培的茶树了。《华阳国志》是汇集东晋以前的史籍编写的,其中有好几个地方谈到巴郡蜀郡山出名茶的记载:"什邡县,山出好茶"、"南安、武阳(今彭山)皆出名茶";其南中郡志也有平夷、永昌郡山出茶的记载。南中郡系四川西南郡和云南各地。山出名茶,还不能证明是人工栽培的,但如照"园有香茗"推想,那么在公元前800多年已有人工栽培,茶树栽培史到现在当有三千年了。据《四川通志》"名山县之西十五里有蒙山,其山五顶,形如莲花五瓣,其中顶最高,名曰上清峰,至顶上略开一坪,直一丈二尺,横二丈余,即种'仙茶'之处。汉时甘露祖师姓吴名理真者手值,至今不长不灭,共八小株……"的记载,说明我国至少在公元前200年前后已有种茶的记录了。

我国在汉时疆域广大，农事已开始发达，已能利用水力，尤其是造纸的发明推动了文化的发展。由于经济文化的发达，茶树的利用就更广泛了，不但作为药料，还作为蔬食的羹饮，烹煮品饮

巴蜀茶园

茶叶的方式方法也多样化起来。用茶越广，需要越多，野生的茶树已不可能满足，势必引起了人们注意栽培茶树，拾采茶子，或掘取野生茶苗，加以繁殖，种在寺院、庭园、山谷、坡地等处。正如唐刘禹锡诗："此僧后檐茶数丛，春来映竹抽新茸。"因茶事的发展，就此兴起陶瓷器手工业的发展，进一步促进了文化经济的发展。所以在晋以后，到了唐宋时代便有许多《图经》记录产茶的事。种茶地方也有不同的名称：茶山、茶坞、茶溪、茶坡、茶园、茶地、茶陵等。如唐皮日休的《茶坞》诗："闲寻尧氏山，遂入深深坞。种莳已成园，栽葭宁计亩。"杜牧《题宜兴茶山》诗："山实东吴秀，茶称瑞草魁。"又宋代苏轼《种茶》诗："松间底生茶，已与松俱瘦。移植百鹤岭，土软春雨后。弥旬得连阴，似许晚遂茂。"从中可看到，茶种在松树间，生长不好，移植于土壤肥沃的百鹤岭，连日阴雨十几天，便可恢复生长，而且很繁茂，说明在宋代栽茶技术已有了很大进步。

从茶的发现和利用、茶的方言称呼、栽茶史实和成为商品、供销外地等史实来看，茶的发源地无疑是在当时的巴郡、益州（即现川云贵）所管辖的山地。

茶的发展

我国茶的发展大致经历了五个阶段：野生药用阶段，少量种植供寺僧、贵族饮用阶段，大量发展阶段，衰落阶段以及新中国成立后我国茶

叶生产大发展阶段。

绿茶

◇ 野生药用阶段

茶被用做药料，始于公元前2737～公元前2697年，茶被神农发现，并用做药料，自此后，茶逐渐推广为药用。

◇ 少量种植供寺僧、贵族饮用阶段

饮茶的习惯，最早应当起源于川蜀之地，后逐渐向各地传播；至西汉末年，茶已成为寺僧、皇室和贵族的高级饮料；到三国之时，宫廷饮茶更为经常。

◇ 大量发展阶段

从晋到隋，饮茶逐渐普及开来，成为民间饮品。不过，一直到南北朝前期，饮茶风气在地域上仍存在着一定的差距：南方饮茶较北方为盛。但随着南北文化的逐渐融合，饮茶风气也渐渐由南向北推广开来。茶风的大盛是在大唐帝国建立以后。原因有以下几点：

第一，唐朝建立以后，社会安定，经济发达，交通便利，使茶的生产、贸易和消费大大发展。

第二，饮茶的兴盛还与唐朝当政者颁布的禁酒令有关。由于人口的增长以及战乱所造成的农民大量的流亡、土地的丧失，使得唐中期以后的粮食十分匮乏，而造酒却需要消耗大量粮食。为了缓解这一矛盾，唐

肃宗于乾元元年（758年）颁布禁酒令，开始在长安禁酒，这便使许多嗜酒而不得饮的人转向饮茶。以茶代酒，促进了饮茶风气的传播。

第三，唐代饮茶的兴盛与贡茶的兴起、诗风的大盛、科举制度以及佛教的传播有着千丝万缕的联系。唐以前的饮茶是粗放式的，随着唐代饮茶的蔚然成风，饮茶方式也发生了显著变化，出现了细煎慢品式的饮茶方式。这一变化在饮茶史上是一件大事，其功劳应归于"茶圣"陆羽。

小贴士

乌龙茶水可以去垢涤腻，又不含化学成分，用清水洗净头发后，再用茶水洗涤，可使头发乌黑柔软，富有光泽，又不会伤害头发和皮肤。一般用过几次以后，更能体会其中的妙处。

宋人饮茶继承了唐人饮茶方式，但比唐人更为讲究，制作也更为精细。尤为精细的是宫廷团茶（饼茶）的制作。宋代饮茶虽以饼茶为主，但同时也有一些有名的散茶，如日铸茶、双井茶和径山茶。散茶尤为文人所喜爱。

明代在唐宋散茶的基础上加以发展扩大，使之成为盛行明、清两代并且流传至今的主要茶类。明代炒青法所制的散茶大都是绿茶，兼有部分花茶。

清代除了名目繁多的绿茶、花茶之外，又出现了乌龙茶、红茶、黑茶和白茶等类茶，从而形成了我国茶叶结构的基本种类。

◇衰落阶段

尽管我国古代劳动人民对茶叶有不少的宝贵经验，并为世界各国发展茶叶生产作出贡献，但由于新中国成立前腐败政府的

茉莉花茶

龙须保健茶

统治,茶叶科学技术和经验得不到总结、发扬和利用,茶叶生产日趋衰败。

◇ **新中国成立后我国茶叶生产大发展阶段**

新中国成立后,我国茶叶生产获得了恢复和发展。第一阶段是1950～1970年,这20年基本上以垦复、发展、努力扩大种植面积为主,这期间茶园面积平均年增7.3%,茶叶产量平均年增5.9%。第二阶段是1970年后,这一阶段的重点转向改善茶园结构,提高茶园单产,完善制茶工艺。进入20世纪90年代后,名优茶生产异军突起,不但恢复生产了许多历史上的名茶,还创制了种类繁多的新名茶。

茶叶生产和饮用已经历了几千年的历史过程,人们对茶叶也出现新的需求。这是因为在社会发展中,一旦人们对衣、食、住、行的要求得到了满足,就特别注重保健和文化生活方面的需求。茶,这种天然保健饮料愈来愈受到人们的青睐。它含有大量对人体起着一定保健和防病作用的成分,吸引了大量消费者去饮用,已成为人们生活中不可缺少的伴侣。

茶的传播

无论何种植物在地球上的传播、蔓延和分布都是有一定规律可循的,这规律受着许多因素综合的影响,其中以植物特性和人类的文化经济活动影响较为显著。茶树的传播也如此。

中国茶业,一开始兴于巴蜀大地,其后逐步向东部和南部传播开来,最后遍及全国。到了唐代,又东传日本和朝鲜,16世纪后被西方引

进。所以茶的传播史，分为国内及国外两条线路。

◇ 茶在国内的传播

茶树在国内的传播，一开始是由四川传入陕西南部、甘肃和河南南部等地。因当时的政治文化中心是在陕西、河南，为了供应统治阶级的需要，茶树种植朝着政治中心地发展，可是受了自然条件的影响，不可能大量栽培。

云南古茶树

自秦、汉统一了中国之后，又受了道、佛教的影响，饮茶之风，在长江以南各省也逐渐普遍起来，栽茶事业也就逐渐扩大。据史载，茶树由四川传到长江中下游和淮河流域，是在公元300年前的事。战国末年，秦于公元前316年占据四川以后，司马错于公元前308年率领巴蜀人民十万去伐楚，秦才得以统一全国。

西汉初年刘邦也是先据有四川，后利用四川的人力、物力去伐楚，最后统一全国。在这两代，四川人民向东移动，四川与长江中下游地区经济、文化的交流联系逐渐密切。

四川栽茶技术和茶子传播便随着蜀众而扩展起来。陆羽《茶经》也曾提到，需要茶子要到南中郡去采取（南中系指川、滇、黔交界地区）。

从三国到南北朝，历经三百多年的时间，由于佛教的兴起，提倡坐禅戒酒，寺僧和士大夫之流饮茶较为普遍，但多数在名山寺院的近旁山谷间种茶，很少有成片的茶山。隋统一后直到唐代，饮茶风气被普遍重视，并传到北方和西藏各地。《封氏闻见记》："开元时太山有僧大兴禅教……从煮茶驱睡，致人人转相仿效，遂成风俗……茶自江淮运来，名额甚多，堆积如山。"可见隋唐以后茶叶生产有了较大发展，已

成为农村中重要的一项副业了,焙制工场也渐次出现。《太平广记》(北宋李昉编的小说集)卷三十七提到民间茶园每年要雇用采工百余人之多。"初,九陇(四川彭县)人张守珪,仙君山,有茶园,每岁召集采茶人力百余人,男女佣工者杂处。"一个茶园要雇用工人百余人,就全国范围来说,从事茶叶生产的人数就更为可观了。有的工人还要从外地招来。如《太平广记》卷二十四记载:"唐天宝中(742~755年)有刘清真者,与其徒二十八人于寿州(现在的皖北)作茶,人致一驮为货至陈留。"被茶园主雇用的工人得到工资,除勉强维持最低生活外,还可易货带回河南去。因此在唐代(618~907年),江淮一带地区,由于产茶,促进了地方经济的发展。唐杜牧云:"得异色财物,不敢货于城市,唯有茶山可销受。"说明产茶地区有较好的市场。又张途《祁门县新修阊门溪记》也谈到:"……邑之编户籍五千四百余户……邑山多而田少,山且植茗,高下无遗土,千里之内,业于茶者,七八

茶园

茶树

矣。""贞元（785～804年）岁贡顾渚山紫笋茶役工二三万余人，累月方毕。"一个茶山，采制茶工达二三万余人，其规模之大可想而知。但这些茶园都为大地主所经营。据史载唐末诗人陆龟蒙有"置园顾渚山，岁取茶租"之说。还有专门进贡用的茶园，《吴兴记》："乌程（现吴兴县）西二十里有温山出御荈。"当时的江浙一带产茶已很盛行，多数为地主、官吏所操纵，借茶叶进贡为名，对人民进行残酷的剥削。

唐宋时代，茶叶已成为日常不可少的物品，产地很广，据《茶经》记载，全国有8道产茶，40多州、8个茶区，产茶省达十几个省份。北宋时产茶33州，到南宋时产茶已有66州，计242县《宋史食货志》。如宋代《天池记》（浙，莫干山等）有"土人以茶为业，隙地皆种茶"等语。同时在名山、名寺的范围内，多为僧、道之徒或富豪官吏、地主等所控制，有较大面积的栽培，雇工管理采制，制成名茶作为送客礼品，或专供帝王的贡品，故在唐宋时代出现了不少名茶的名称。当时湖州贡焙年产近两万斤之多。

茶情

茶叶普遍成为商品后，产地逐渐推广，又有名茶产生，本应有较大的发展，但封建政权反而采用各种剥削办法来束缚茶叶生产，征重税，放高利，官营专卖，如历史上的茶法中的"茶马交易"、"茶引"、"榷茶"、"官焙"、"御茶园"，等等。因此，茶叶生产随着政治的兴起衰落而时兴时败，不能得到较好的发展。

茶税的抽征，始于唐朝783年，由户部侍郎韩洄倡议，初征茶税，翌年（784年）停止，于贞观九年（793年）正式实行抽税。规定产茶州、县和茶山就地征税，十抽其一（按量或按值未明）。835年唐代统治者又以利源所在，实行"榷茶法"，设法独占茶叶生产，下令民间所有茶园收归官营，民间的茶树移并于"官场"或"官焙"，没有移植的要一概焚毁，置人民生活于不顾。因此激起民愤，引起了唐代有名的"甘露事变"的发生。这是压迫茶农所引起的结果。统治政权茶叶专营行不通，嗣后又准民间经营茶山，从中抽取重税，但不许民间多种茶，不许私藏茶叶，订有严酷法律，防止走私。

唐代灭亡之后，五代十国时，福建和浙江茶叶生产有较大发展。北宋初年采取欺骗农民政策，缓和阶级矛盾，变更了唐代的"茶法"，准许民间经营茶叶，只抽"贡茶"和"茶税"，并实行"茶本钱"（即变相的高利贷）。当时就有"官焙"和"民焙"之分。一个"官焙"可管几个茶山或茶园，但"民焙"茶叶，因得"茶本钱"的关系，须由官焙来征收，实行"茶引"由商人运

小贴士

公元993年，王小波在青城(今四川都江堰市)起义，提出"均贫富"的主张，从者万余，占青城、彭山。不久，王小波牺牲，李顺继为首领。次年占成都，建大蜀政权，控制四川大部。宋政府派兵镇压，攻陷成都，李顺遇害。余部坚持战斗，至995年失败。这次轰轰烈烈的起义虽然失败了，但它严重地打击了地主阶级。

销,从中取利,而茶农受了多层的剥削,生活日趋贫困,阶级矛盾更为激化。到了南宋时期,政治更为腐败,朝廷对"贡茶"特别重视,并实行专卖,卖不出去,即行摊派,提高茶价,每斤茶叶可抵二石米,茶价高,饮茶人日少,茶销不出去,就影响了茶叶继续发展。

南宋徽宗皇帝,治国无方却心迷茶饮。他特别爱好福建茶,当时的福建建瓯、建阳、崇安一带的官办和私办的茶作坊约有千余所,雇用很多工人从事茶叶生产。"官焙"的工人不得自由,生活比奴隶更为悲惨,他们在采制茶叶时,还要把头发和胡须剃精光,而所得工钱只能勉强维持一个人最低的生活,更谈不上养家了。"私焙"大多掌握在地主富商之手,官商勾结,层层剥削更为厉害。真是茶叶愈出名,剥削愈严重,因而引起了1128年茶叶园户起义反抗的事件。类似情况,其他产茶省份屡见不鲜。如北宋太宗淳化四年(993年)四川青城县(今都江堰市)茶农王小波及其妻弟李顺发动的起义,1171年所谓两湖"茶寇",1318年淮西山场茶户的纷纷参加红巾起义……都是由于统治阶级压迫农民所引起的。

唐以后的各朝代,对茶叶生产的"茶法"(茶叶政策)虽然屡有变更,但总是换汤不换药的一套剥削制度,所以茶树栽培制度变化不大,以茶为副业的还是占多数。到了清代中叶帝国主义入侵中国以后,生产方式才起了一些变化,长江以南各省,尤其是东南诸省的茶叶生产有了较大的发展,除农家一些零星茶树外,很多大地主、富商经营较大面积的茶山,雇工经营,但最大面积也不过几十亩、几百亩而已。清王朝政治腐败,结果是对外屈辱,对

日本茶

内压迫。鸦片战争之后，帝国主义者以掠夺茶叶为对象，茶叶外销数量增加，商人买办到处抢购运销，刺激了茶叶生产一时的兴盛。据估计，当时栽茶面积全国约达六七百万亩，产量达三四百万担。但帝国主义的本性是掠夺剥削，与腐败的统治集团相互勾结，横征暴敛，压迫备至，使茶叶生产日趋衰败。到了新中国成立前，茶园荒废，茶叶产量全国不到一百万担。由于政治经济的影响，茶树栽培制度也有了不小的变化，集中成片的茶园极为少数，多数为零散的副业，在副业中则出现了多种栽培方式，有条植、丛植、单株、穴播、林茶间作、果茶间作、桑茶间作、粮茶间作、茶园轮作、混作等适应不同地区特点的栽培制度。

◇ 茶在国外的传播

我国茶叶生产及人们饮茶风尚的发展，还对世界各国产生了巨大的影响，其最早的传播地是亚洲。

在4世纪至7世纪中叶，茶叶已传入朝鲜半岛。当时的朝鲜半岛处于高句丽、百济和新罗三国鼎立时代。在南北朝和隋唐时期，中国与新罗的往来比较频繁，经济和文化的交流关系也比较密切。新罗在唐朝有通使往来120次以上，是与唐通使来往最多的邻国之一。新罗的使节大廉，在唐文宗太和后期，将茶籽带回国内，种于智异山下的华岩寺周围。朝鲜的真正种茶历史由此开始。朝鲜《三国史记·新罗本纪·兴德王三年》载："入唐回使大廉，持茶种子来，王使植地理山。茶自善德王时有之，至于此盛焉。"

至宋代时，新罗人也开始学习宋代的烹茶技艺。新罗在参考吸取中国茶文化的同时，还建立了自己的一套

茶籽

茶礼。高丽时代迎接使臣的宾礼仪式各不相同，分别用于迎接宋、辽、金、元的使臣，其地点在乾德殿，国王在东朝南、使臣在西朝东接茶，或国王在东朝西、使臣在西朝东接茶，有时，由国王亲自敬茶。高丽时代，新罗茶礼的程度和内容，与宋代的宫廷茶宴茶礼有不少相通之处。

中国茶籽被带到日本种植，始于唐代中叶。据文献记载，公元805年，日本高僧最澄，从天台山国清寺师满回国时，带去茶种，种植于日本近江。南宋时期，日僧荣西曾两次来华。荣西第一次入宋，回国时除带了天台新章疏三十余部六十卷，还带回了茶籽，种植于佐贺县肥前背振山、拇尾山一带。荣西第二次入宋是日本文治三年（宋孝宗淳熙十四年，1187年）四月，日本建久二年（宋光宗绍熙二年，1191年）七月，荣西回到长崎，嗣后便在京都修建了建仁寺，在镰仓修建了圣福寺，并在寺院中种植茶树，大力宣传禅宗和茶饮。

此外，在最澄之前，天台山与天台宗僧人也多有赴日传教者，如天宝十三年（754年）的鉴真等，他们带去的不仅是天台宗的教义，而且也有科学技术和生活习俗，饮茶之道无疑也是其中之一。

浙江名刹大寺有天台山国清寺，天目山径山寺，宁波阿育王寺、天童寺等。其中天台山国清寺是天台宗的发源地，径山寺是临济宗的发源地。并且，浙江地处东南沿海，是唐、宋、元各代重要的进出

阿拉伯国家卖茶的小摊

口岸。自唐代至元代，日本遣使和学问僧络绎不绝，来到浙江各佛教圣地修行求学，回国时，不仅带去了茶的种植知识、煮泡技艺，还带去了中国传统的茶道精神，使茶道在日本发扬光大，并形成具有日本民族特色的艺术形式和精神内涵。

小贴士

将泡过的茶包浸入水中数天后，拆开浇在植物根部，可以促进植物生长。

约于公元5世纪南北朝时，我国的茶叶就开始陆续输出至东南亚邻国。

越南与我国毗邻，佛教自东汉末年传入越南，10世纪后，佛教被尊为国教。我国茶叶传入越南，最迟也在这一时期。越南的茶种植已有久远的历史，大规模的经营则起于19世纪。此后，还引入南亚的茶种与技术设备，茶叶生产与贸易有了快步发展。

东南亚的印度尼西亚真正从我国引入茶籽试种，始于1684年，以后又引入日本及阿萨姆种试种。

南亚的印度于1780年由英属东印度公司传入我国茶籽种植。以后又引种、扩种，创办茶场，并派人赴中国进修种茶、制茶技术，招聘技术人员。至19世纪后叶已是"印度茶之名，充噪于世"。

斯里兰卡于17世纪开始从我国传入茶籽试种，复于1780年试种，1824年以后又多次引入中国、印度茶种扩种和聘请技术人员。

茶叶传入阿拉伯国家，最早是在唐代对西亚阿拉伯国家的传播。据《新唐书·陆羽传》中载："羽嗜茶，著经三篇，言茶之源、之法、之具尤备，天下益知饮茶矣……其后尚茶成风，时回纥入朝始驱马市茶。"回纥人将马匹换来的茶叶等，除了饮用外，还用一部分茶叶与阿拉伯国人进行交易，从中获取可观的利润。不过西亚的土耳其种茶，始于1888年，从日本传入茶籽试种，1937年又从格鲁吉亚引入茶籽种植。经过分批开发以后，茶业逐步走上规模发展之路。

除了亚洲，中国的茶也以不同的方式传入欧美等国。

宋、元期间，我国对外贸易的港口增加到八九处，这时的陶瓷和茶叶已成为我国的主要出口商品。尤其明代，政府采取积极的对外政策，

使茶叶输出量大量增加。据资料记载，由欧洲人自己将茶叶在欧洲传播，最早始于公元1517年，葡萄牙海员从中国将茶叶带回自己的国家。公元1560年传教士克鲁兹公开撰文推荐中国茶叶，"此物味略苦，呈红色，可治病"。明神宗万历三十五年（1607年），荷兰海船自爪哇来我国澳门贩茶转运欧洲，这是我国茶叶直接销往欧洲的最早记录。以后，茶叶成为荷兰人最时髦的饮料。由于荷兰人的宣传与影响，饮茶之风迅速波及英、法等国。1631年，英国一个名叫威忒的船长专程率船队东行，首次从中国直接运去大量茶叶。公元1658年，英国出现了第一则茶叶广告，是至今发现的欧洲最早的茶叶广告。清朝之后，饮茶之风逐渐波及欧洲一些国家，在清代初期，美国人从我国厦门、广州购买大量茶叶，相继销往德国、瑞典和挪威等国。

俄罗斯茶饮

茶叶传入俄罗斯较早。据传，中国茶叶最早传入俄国，是在元代。蒙古人远征俄国，中国文明随之传入。至清代雍正五年（1727年）中俄签订互市条约，以恰克图为中心开展陆路通商贸易，茶叶就是其中主要的商品，其输出方式是将茶叶用马驮到天津，然后再用骆驼运到恰克图。1883年后，俄国多次引进中国茶籽，试图栽培茶树。1884年，索洛沃佐夫从汉口运去茶苗12000株和成箱的茶籽，在查瓦克—巴统附近开辟一小茶园，从事茶树栽培和制茶。1888年，俄人波波夫来华，访问宁波一家茶厂，回国时，聘去了以刘峻周为首的茶叶技工10名，同时购买了不少茶籽和茶苗。后来刘峻周等在高加索、巴统开始工作，历经了三年时间，种植了80公顷茶树，并建立了一座小型茶厂。1896年，刘峻周等人合同期满。回国前，波波夫要托刘峻周再招聘技工，并采购茶苗茶

非洲茶饮

籽。1897年，刘峻周又带领12名技工携带家眷前往俄国，种茶加工。

茶是在16世纪传至欧洲各国后，进而传到北美大陆的。公元1626年，荷兰人把中国茶叶运销至其美洲的管辖之地。当时还未独立的美国，后又成为英国的殖民地，英国人将从中国进口的茶叶销往其殖民地。

美国独立后将目光投向了太平洋彼岸的亚洲。1783年圣诞节前夕，排水量55吨的单桅帆船"哈里特"号满载花旗参自波士顿港出发，准备驶往中国。但碍于旅途艰险，"哈里特"号在好望角与英国商人交换一船茶叶后返航。1784年2月22日，也就是华盛顿总统生日这一天，由费城商人罗伯特·莫里斯、丹尼尔·派克和纽约公司共同装备的360吨级远洋帆船"中国皇后"号由格林船长率领，装载着40多吨花旗参离开纽约港，经好望角驶往中国。8月23日，在海上颠簸航行了半年多的"中国皇后"号抵达了葡萄牙人占领的澳门。一周后，"中国皇后"号抵达了他们此行的最终目的地广州港。美国正式与中国开始茶叶贸易。为保护对华贸易，美国国会在1789年通过了航海法，规定美国商人从亚洲进口

货物除茶叶外给予12.5%的关税保护，并对美国商人从中国进口的茶叶转销欧洲给予免税政策。

自此之后，茶在南美洲国家也开始了传播。公元1812年，巴西引进中国茶叶。公元1824年，阿根廷输入中国茶籽在该国种植茶树。

大洋洲饮茶，大约始于19世纪初。随着各国经济、文化交流的加强，一些传教士、商船将茶带到新西兰等地，日久，茶的消费在大洋洲逐渐兴旺起来。在澳大利亚、斐济等国还进行了种茶的尝试，在斐济种茶成功。

茶传入非洲，始于明代。郑和七次下西洋，历经越南、爪哇、印度、斯里兰卡、阿拉伯半岛，最后到达非洲东岸，每次都带有茶叶。显然，茶叶传入非洲的历史也较早。有记载说，摩洛哥人已有300余年饮茶历史。

东非的肯尼亚于1903年首次从印度传入茶种，1920年进入商业性开发种茶，然而规模经营则是在1963年独立以后。肯尼亚依靠科技管理与普及，独辟蹊径，驱动茶叶生产的发展，成为世界茶坛新崛起的国家，其发展速度之快、质量之优、出口茶比例之高，为世人瞩目。

到了19世纪，我国茶叶的传播几乎遍及全球，1886年，茶叶出口量达268万担。西方各国语言中"茶"一词，大多源于当时海上贸易港口福建厦门及广东方言中"茶"的读音。可以说，中国给了世界茶一个名字，茶的知识、茶的栽培加工技术和世界各国的茶叶，都直接或间接地与我国有千丝万缕的联系。总之，我国是茶叶的故乡，我国勤劳智慧的人民给世界人民创造了茶叶这一香美的饮料，这是值得我们后人引以为自豪的。

第二章

名茶地图

茶叶的种类

中国茶叶品种繁多，目前尚未有统一的分类方法。大抵说来，根据制造方法不同和品质上的差异，可将茶叶分为绿茶、红茶、乌龙茶（即青茶）、白茶、黄茶和黑茶六大类。

乌龙茶

根据茶出口的类别，可将茶叶分为绿茶、红茶、乌龙茶、白茶、花茶、紧压茶和速溶茶等几类。

根据茶叶加工的实际情况，可将茶叶分为毛茶和成品茶两大部分，毛茶又可分为绿茶、红茶、乌龙茶、白茶、黑茶五大类；成品茶则包括精制加工的绿茶、红茶、乌龙茶、白茶和再加工而成的花茶、紧压茶和速溶茶等类。

还有其他的分类法。比如根据产地可将茶叶分为川茶、浙茶、闽茶等。还可根据生长环境，将茶分为平地茶、高山茶、丘陵茶等。

综合上述几种分类法，中国茶叶则可分为基本茶类和再加工茶类两大部分。

◇基本茶类

1.绿茶

绿茶，也称为不发酵茶，以适宜茶树新梢为原料，经杀青、揉捻、干燥等典型工艺过程制成。干茶色泽和冲泡后的茶汤、叶底主要呈现绿色。

绿茶的基本加工工序为：鲜叶——杀青——揉捻——干燥。其中，杀青最为关键。鲜叶经高温杀青，能破坏茶叶中的内源酶活性，抑制茶

多酚的氧化反应，使制成的茶叶呈现出绿色绿汤、清香爽口的品质特点。由于酶活性被破坏，茶多酚被更多地保留下来，同时维生素C也较少被破坏。据测定，绿茶中的茶多酚和维生素C含量高于其他茶类。就营养保健功效来看，在六大茶类中，绿茶最好。

绿茶

绿茶是我国制茶历史上出现最早的茶类，至今仍是我国产、销量最大，消费人口最多的茶类，也是我国主要的出口茶类之一。每年出口量占世界茶叶市场绿茶贸易量的七成左右。

因杀青、干燥方法和成品茶外形的不同，绿茶又可分为以下几种：

（1）根据杀青方式的不同，可将绿茶分为蒸青绿茶与炒青绿茶。蒸青绿茶是我国最古老的绿茶，其工序是利用高温蒸汽进行杀青。其成品茶具有干茶、汤色、叶底三绿的特点，但其香气较沉闷，并带有青气，涩味较重，不如炒青绿茶鲜爽。

炒青绿茶的加工方式为锅炒杀青。这种加工方法始自明朝中后期并沿用至今，是目前大多数绿茶的制法。相比蒸青茶，炒青茶香气清高持久，滋味浓纯爽口，汤色黄绿清澈，叶底嫩绿明亮。

（2）根据干燥方法的不同，可将绿茶分为炒青、烘青与晒青。炒青是指采用锅炒方式进行干燥的绿茶。成品香高味浓，高档茶还具有熟板栗香。由于炒制手法（或机械）的差异，炒青绿茶又可分为长炒青、圆炒青、扁炒青等多种。

长炒青即外形呈略弯曲的长条形炒青绿茶，因形似老人眉毛，故又称眉茶。其精制加工后的产品又可分特珍、珍眉、针眉、秀眉、贡熙、雨茶等花色。长炒青是我国绿茶的大宗产品，产区分布很广。传统产区为安徽、江西、浙江三省，后来发展到其他省份。现在全国各产茶省几乎均有生产。各地所产的长炒青，因生产条件、茶树品种和采制技术等的差异，形成了不同的品质风格。其中以主产于江西婺源的"婺绿"，

江西婺源的"婺绿"

安徽屯溪（今黄山市）、休宁的"屯绿"，浙江淳安、开化的"淳绿"等较为著名。

圆炒青是指外形为圆形颗粒状的炒青绿茶。其干茶色泽乌绿油润，形状浑圆，紧结如珠，故又名珠茶，有人美誉为"绿色珍珠"。我国主要有浙江、台湾两省生产圆炒青，其中尤以浙江所产最为有名。浙江的产地主要有嵊州、绍兴、上虞、新昌、诸暨、余姚、奉化、鄞县等地。历史上绍兴平水镇曾为珠茶主要集散地，各地生产的毛茶都集中在此地加工、起运出售，因而通常把珠茶都称为"平水珠茶"。圆炒青是我国绿茶出口的主要品种之一。它以香高味浓，经久耐泡的品质特点深受国外消费者喜爱，主要销往北非和西非，美、法等国也有一定市场。

扁炒青因外形扁平光滑而得名。这种茶干燥时在炒锅中有一个磨压的过程，所以才获得这种平直的外形。扁炒青通常是由较细嫩的茶叶原料制成，属于炒青名茶之列。著名的扁炒青有杭州的"西湖龙井"、"旗枪"，安徽歙县的"老竹大方"，四川峨眉的"竹叶青"等。

烘青是指采用烘焙方式进行干燥的绿茶。由于在干燥过程中茶叶很少受到碰撞挤压等外力作用，制成的干茶外形不如炒青光滑紧结，但条索完整，锋苗明显，由细嫩原料制成的茶叶还会白毫显露。烘青茶色泽深绿油润，但香气、滋味不如炒青高浓。通常鲜叶原料较老的烘青

小贴士

取泡过的茶叶，摊放在日光下，晒干后收集一起，待一定数量后充入枕套，作为枕芯。茶叶枕可以清神醒脑，增进思维能力。

大部分是作为窨制花茶的茶坯，多不直接饮用，被称为"素茶"或"素坯"。窨花以后称为"烘青花茶"。不过，也有一些用细嫩芽叶精制的烘青茶，品质特别优异，不仅芽叶完整，而且色香味俱佳，如"黄山毛峰"、"太平猴魁"、"舒城兰花"、"敬亭绿雪"、"天山烘绿"等，都属于名优绿茶之列。

近年来，在名茶生产中常采用一种烘炒相结合的工艺，即在鲜叶杀青、揉捻之后，先在锅中边炒边做形，形成一定形状后再经烘干定型。这种工艺结合了烘青和炒青工艺的优点，使制出的茶叶既有炒青香高味浓的特点，又保持了烘青芽叶完整、白毫显露的特色。这种烘炒结合的方法，可以说是制茶工艺上的一大进步。

晒青是指利用日光晒干的绿茶。这种茶相对来说数量较少，主要产于云南、四川、贵州、广西、湖北、陕西等省（区）。在茶叶品质上，晒青不如烘青和炒青，故其产品除一部分以散茶形式就地销售外，还有一部分经再加工成紧压茶销往边疆地区，如湖北的老青茶制成的"青砖"，云南、四川的晒青加工成的沱茶、饼茶、砖茶等。

2.红茶

红茶，以适宜制作本品的茶树新芽叶为原料，经萎凋、揉捻（切）、发酵、干燥等典型工艺过程精制而成。因其干茶色泽和冲泡的茶汤以红色为主调，故名。

红茶开始创制时称为"乌茶"。红茶在加工过程中发生了以茶多酚酶促氧化为中心的化学反应，鲜叶中的化学成分变化较大，茶多酚减少90％以上，产生了茶黄素、茶红素等新的成分。香气物质从鲜叶中的50多种，增至300多种，还有一部分咖啡因。儿茶素和茶黄素结合成滋味鲜美的络合物，从而形成了红茶、红汤、红叶和香甜味醇的品质特征。

（1）小种红茶。小种红茶开创了中国红茶的纪元，起源于16世纪，最早为武夷山一带发明的小种红茶。1610年荷兰商人第一次运销欧洲的红茶就是福建省崇安县星村生产的小种红茶（今称之为"正山小种")。至18世纪中叶,又从小种红茶演变为功夫红茶。从19世纪80年代起,我国红茶特别是功夫红茶,在国际市场上曾占统治地位。小种红茶是福建省的特产,有正山小种和外山小种之分。正山小种产于崇安县星村乡桐木关一带,也称"桐木关小种"或"星村"小种。政和、坦洋、古田、沙县及江西铅山等地所产的仿照正山品质的小种红茶,统称"外山小种"或"人工小种"。在小种红茶中,唯正山小种百年不衰,主要是因其产自武夷高山地区,崇安县星村和桐木关一带,地处武夷山脉之北段,海拔1000～1500米,冬暖夏凉,年均气温18℃,年降雨量2000毫米左右,春夏之间终日云雾缭绕,茶园土质肥沃,茶树生长繁茂,叶质肥厚,持嫩性好,成茶品质特别优异。

小种红茶

(2)功夫红茶。功夫红茶是我国特有的红茶品种,也是我国传统出口商品。当前我国十九个省、区产茶(包括试种地区新疆、西藏),其中有十二个省、区先后生产功夫红茶。我国功夫红茶品类多、产地广。按地区命名的有滇红功夫、祁门功夫、浮梁功夫、宁红功夫、湘江功夫、闽红功夫(含坦洋功夫、白琳功夫、政和功夫)、越红功夫、台湾功夫、江苏功夫及粤红功夫等。按品种又分为大叶功夫和小叶功夫。大叶功夫茶是以乔木或半乔木茶树鲜叶制成;小叶功夫茶是以灌木型小叶种茶树鲜叶为原料制成的功夫茶。

(3)红碎茶。红碎茶功夫红茶在我国生产较晚,始于20世纪50年代后期。近年来产量不断增加,质量也不断提高。

红碎茶的加工与红条茶的不同之处在于,萎凋叶经揉捻后还要进行切碎或直接用转子机进行揉切,使茶叶呈细小颗粒碎片后再行发酵、烘干等工序。制成的干茶外形细碎,故被称为红碎茶或红细茶。由于细胞破碎度高,有利于茶多酚的氧化和冲泡时茶汁的浸出,红碎茶表现出

香气高锐持久，滋味浓强鲜爽，加牛奶、白糖后仍有较强茶味的品质特征。这种品质特征很合国外消费者的口味。因此，尽管红碎茶出现的历史很短，但很快就风靡世界，在国际茶叶市场中占了贸易量的80%左右。我国生产的红碎茶也主要用于出口。中国红碎茶按茶树品种可分为大叶种红碎茶和中小叶种红碎茶两种。相比之下，大叶种茶在汤色、叶底上要更红艳明亮，滋味更浓厚强鲜，更富有收敛性，品质更靠近国际市场的要求，故出口时往往价格更高。中小叶种茶虽然在色泽、滋味上赶不上大叶种茶，但有些优良品种在香气上表现较突出，可以作为出口红碎茶很好的拼配原料。我国大叶种红碎茶主要出产于云南、广东省，而湖南、四川、贵州、浙江、江苏、湖北、福建等省则为中小叶种红碎茶的主要产区。

（4）各类红茶名品。祁门功夫、湖红功夫、滇红功夫、宁红功夫、宜红功夫、越红功夫、川红功夫、政和功夫、闽红功夫、坦洋功夫、白琳功夫。

红碎茶

3.乌龙茶

乌龙茶亦称青茶、半发酵茶，以本茶的创始人而得名，是我国几大茶类中，独具鲜明特色的茶叶品类。乌龙茶的产生，还有些传奇的色彩。据《福建之茶》、《福建茶叶民间传说》载，清朝雍正年间，在福建省安溪县西坪乡南岩村里有一个茶农，也是打猎能手，姓苏名龙，因他长得黝黑健壮，乡亲们都叫他"乌龙"。有一年春天，乌龙腰挂茶篓，身背猎枪上山采茶，采到中午，一头山獐突然从身边溜过，乌龙举枪射击，但负伤的山獐拼命逃向山林中，乌龙随后紧追不舍，终于捕获了猎物。当把山獐背到家时已是掌灯时分，乌龙和全家人忙于宰杀、

小贴士

隔夜茶中含有丰富的酸类、氟类，不但可以防止毛细血管出血，还能起到杀菌消炎作用，如口腔出血、皮肤出血等都可用它含漱洗浴。

品尝野味，已将制茶的事全然忘记了。翌日清晨全家人才忙着炒制昨天采回的"茶青"，没想到放置了一夜的鲜叶，已镶上了红边，并散发出阵阵清香，当茶叶制好时，滋味格外清香浓厚，全无往日的苦涩之味。经过精心琢磨与反复试验，再加镂雕、摇青、半发酵、烘焙等工序，终于制出了品质优异的茶类新品"乌龙茶"。安溪也随之成了乌龙茶的著名茶乡。

乌龙茶既有红茶浓鲜，又有绿茶清香，享有"绿叶红镶边"的美誉，品尝后齿颊留香，回味甘鲜。乌龙茶的药理作用，突出表现在分解脂肪、减肥健美等方面，在日本被称之为"美容茶"、"健美茶"。

闽北乌龙茶

乌龙茶择料精细，必须选择优良品种茶树鲜叶做原料，制作工艺也极为考究。乌龙茶因其做青的方式不同，分为"跳动做青"、"摇动做青"、"做手做青"三个亚类。商业上习惯根据其产区不同分为：闽北乌龙、闽南乌龙、广东乌龙、台湾乌龙等亚类。乌龙茶为我国特有的茶类，主要产于福建的闽北、闽南及广东、台湾三个省。近年来四川、湖南等省也有少量生产。

4.白茶

白茶，顾名思义，其颜色是白色的，通常地区不多见。白茶加工的基本工序为：鲜叶——萎凋——烘干或晒干，即先将鲜叶进行长时间萎凋至八九成干，然后再文火慢烘或日光曝晒至干即得白茶。此工艺看起

来简单，不炒不揉，实际上在长时间的萎凋和慢烘过程中，茶叶内含物质发生了各种变化。随着萎凋叶水分减少，酶的活性增强，叶内多酚类化合物氧化聚合，同时淀粉、蛋白质分别水解为单糖、氨基酸，以及它们之间的相互作用，这些都为白茶特有的品质奠定了物质基础。白茶独特品质的形成，除决定于其特异的制法外，还与茶树品种有着密切关系。因此，白茶制作常选用芽叶上茸毛丰富的品种，如福鼎大白茶、水仙等。这样的品种加上白茶的工艺，才能使所制的成品茶表现出芽叶完整、密披白毫、色泽银绿、汤色浅淡、滋味甘醇的白茶品质特征。

白茶为我国特有的茶类，且产量较少。主产于福建的福鼎、政和、松溪和建阳等地，台湾也有少量生产。白茶因采摘原料不同分芽茶与叶茶两类。

白芽茶是指完全用大白茶肥壮的芽头制成的白茶，主要名品为"白毫银针"，主产于福建的福鼎、政和等地。福鼎生产的银针称为"北路银针"，采用烘干方式；产于政和的银针为"南路银针"，采用的是晒干方式。白毫银针在我国港澳地区和东南亚很受欢迎。

白叶茶是指以一芽二三叶或单片叶为原料制成的白茶，有白牡丹、贡眉、寿眉等花色。其中，白牡丹的品质较好，是用大白茶和水仙等良种的一芽二叶制成，外形自然舒展，二叶抱芯，色泽灰绿，酷似

白茶

枯萎的花朵，因此得名。贡眉用白茶群体种的一芽二三叶制成，品质次于白牡丹。寿眉是以采来的芽叶抽摘出芽头制银针后，再摘下的单片叶制成的白茶，品质更次于前两种花色。

5.黄茶

黄茶加工方法与绿茶相近，只是在绿茶加工中多了一道堆积焖黄的工序。这个"焖黄"工序，有的是在杀青后揉捻前进行，有的是在揉捻后进行，还有的是初烘后再进行，也有的是再烘时才进行。焖黄是形成

黄茶品质特征的关键工序。焖黄过程中，在湿热作用下，叶绿素被破坏，使茶叶失去绿色，形成黄茶"黄汤黄叶"的品质特点。同时，焖黄工序还令茶叶中多酚类化合物和其他内含物发生变化和转化，使脂型儿茶素大量减少，可溶性糖、游离氨基酸，以及芳香物质增加，从而使茶叶苦涩味减弱，滋味更加甜醇，香气更加清鲜。黄茶依原料芽叶的老嫩可分为黄芽茶、黄小茶和黄大茶三类。

黄芽茶是用单芽或一芽一叶初展鲜叶加工而成。原料幼嫩，做工精细，是黄茶中的珍品。其产品不多，名品就更少，主要有湖南洞庭湖的"君山银针"，四川名山的"蒙顶黄芽"，安徽霍山的"霍山黄芽"和浙江德清的"莫干黄芽"等。

黄小茶的鲜叶原料较黄芽茶稍老，通常为一芽二叶的新梢。属于黄小茶的黄茶有湖南宁乡的"沩山毛尖"，湖南岳阳的"北港毛尖"，湖北远安的"远安鹿苑茶"，浙江温州、平阳一带的"平阳黄汤"等。

黄茶

黄大茶的鲜叶原料较前两种黄茶都粗老，采摘标准为一芽三四叶或一芽四五叶。制作工艺也相对较粗放一些。通常产量较多，销路较广，是黄茶中的大宗产品。主要花色有安徽霍山的"霍山黄大茶"和广东韶关、肇庆、湛江等地的"广东大叶青"等。

6. 黑茶

黑茶的原料粗老，制造过程中堆积发酵时间较长，成品茶色呈油黑或黑褐色的茶。黑茶属于后发酵茶，是很多紧压茶的原料，制成各种砖茶供边疆少数民族消费，亦称边销茶，主产于湖南、湖北、广西、云南、四川等地。黑茶的制造工序为杀青、揉捻、渥堆、干燥。黑茶外形

粗大,色泽黑褐,粗老气味较重。黑茶中最著名的当属云南普洱茶,其次是广西六堡茶。

◇再加工茶类

再加工茶类是指将绿茶、红茶、乌龙茶、黑茶、黄茶、白茶六大基本茶类经各种方法进行加工,以改变其形态、品性及功效而制成的一大类茶产品。目前,再加工茶类主要包括花茶、紧压茶、萃取茶、果味茶、保健茶等几类。

1.花茶

花茶是将干燥茶叶与新鲜香花按一定比例拼和在一起窨制而成的一种茶类,又称薰花茶、香花茶,在我国北方或港澳地区称为香片。花茶是我国特有的一种再加工茶类。从它出现至今的几百年时间里,一直深受人们的喜爱,并得到不断发展。花茶之所以广受欢迎,主要得益于其茶中

花茶

引入了花香,使人们在饮茶时能获得含英咀华的美好享受。茶能吸附花香,是因为干燥的茶叶具有疏松而多孔隙的结构,以及内含具有较强吸附气味特性的棕榈酸和萜烯类等大分子化合物。这些特殊的结构和大分子物质,使茶叶特别容易吸附异味。因此,将茶叶与香花拼和在一起,茶叶就会吸附花的芬芳而带上花香。

制作花茶的原料绿茶、红茶或乌龙茶均可。花茶通常以所用香花来命名,如茉莉花茶、珠兰花茶、白兰花茶等。花茶总的品质要求是香气鲜灵浓郁,滋味浓醇鲜爽,汤色明亮。

我国花茶的产区主要有福建、广东、广西、浙江、江苏、安徽、四川、重庆、湖南、台湾等地。

2.紧压茶

紧压茶是指将各种成品散茶用蒸汽蒸软后放在模盒或竹篓中,压塑成各种固定形状的一类再加工茶,也称压制茶。紧压茶常用的原料是黑茶,也有部分绿茶和红茶,以及少量乌龙茶;成品茶的形状很多,最为常见的是方形砖茶。紧压茶类主要品种有以下一些:

重庆沱茶

(1)沱茶。成品外形如厚壁碗状,根据重量可分为250克和100克两种。沱茶的主产地是云南和重庆。重庆生产的称作"重庆沱茶",多以绿茶为原料加工而成。云南生产的沱茶有两种:一种是以滇青为原料的,称为"云南沱茶";另一种是以普洱散茶为原料的,称为"普洱沱茶"。沱茶滋味浓醇,降血脂功效明显。

(2)普洱方茶。普洱方茶产于云南,是由绿茶和普洱茶为原料蒸压成的10厘米×10厘米×2.2厘米方块形紧压茶,净重250克。其外表平整,清晰压有"普洱方茶"四个字,香气醇正,滋味浓厚略涩。

(3)米砖茶。是指用红茶碎末茶蒸压成的24厘米×19厘米×2厘米的砖形紧压茶,净重1125克。外形棱角分明,表面平整细腻,压印有清晰的商标花纹图案。米砖茶主要产于湖北各地。

(4)水仙饼茶。水仙饼茶是按照乌龙茶的制作工艺加工鲜叶,最后模压而成的紧压茶,产于福建漳平县。水仙饼茶外形为方形,边长6厘米,厚1厘米,每块重20克。外表光整,色泽乌褐油润,香味醇厚,汤色深褐。产品主销闽西各地及厦门、广东一带。

(5)康砖与金尖。康砖与金尖都是呈圆角枕形的蒸压黑茶,产于四川雅安、乐山等地,属于南路边茶。这两种茶的制作工艺相似,只是在原料拼配比例和成品茶大小规格上有所不同。康砖茶原料较好些,品质也优于金尖,成品规格通常为17厘米×9厘米×6厘米,每块重500克。

金尖成品个体更大,多为30厘米×18厘米×11厘米,每块重2500克。

(6)方包茶。方包茶是将原料茶筑压在长方形篾包中的一种黑茶紧压茶,每包重35千克,大小规格为66厘米×50厘米×32厘米。过去用马匹驮运,每匹马驮两包,故又称"马茶"。方包茶产于四川都江堰、平武一带,属于西路边茶。

湘尖茶

(7)湘尖茶。湘尖茶是以黑茶为原料,蒸后筑压进条形篾包中而制成的一种篓装紧压茶,成品每包体积为58厘米×35厘米×50厘米,重量为40～50千克。按原料老嫩,湘尖分为天尖、贡尖、生尖三种,现改称为湘尖1号、2号、3号。其中天尖、贡尖原料较嫩,品质较好;生尖品质较差。湘尖产于湖南,主销甘肃、宁夏等地。

(8)花砖与黑砖。花砖与黑砖都产于湖南安化,是湖南黑茶成品著名的"三砖"中的两砖(还有"一砖"为茯砖)。花砖与黑砖都是压制成形的砖形茶,制作方法基本相同;在成品规格上,两种茶也一样,体积为35厘米×18厘米×3.5厘米,净重2000克;从外形上看,两者都砖面平整,棱角分明,厚薄一致,压印的花纹图案清晰可辨。花砖和黑砖的差别主要是在原料拼配上,花砖原料嫩度较黑砖高,含梗量较黑砖少,故品质相应较优。两种茶均主要销往甘肃、宁夏、新疆和内蒙古等地。

(9)茯砖茶。茯砖茶是以黑茶为原料蒸压成砖形的一种紧压茶。主产于湖南,四川也有部分生产。两地产品规格有所不同。湖南茯砖体积为35厘米×18.5厘米×5厘米,净重2000克;四川茯砖体积为35厘米×21.7厘米×5.3厘米,净重3000克。茯砖茶压制成砖形后要经过20多天的发花过程。在这一过程

小贴士

用茶水清洗油腻的餐具,既清洁又卫生。

青砖茶

中,使茶砖内微生物繁殖,最后长出金黄色的菌,俗称"金花"。茯砖茶的质量与"金花"多少有关,以"金花"较多为上品。茯砖茶的主要销区为青海、甘肃、新疆等地。

(10)青砖茶。青砖茶产于湖北赵李桥,是以湖北老青茶为原料压制成形的黑砖茶,规格为34厘米×17厘米×4厘米,净重2000克。青砖茶外形端正光洁,厚薄均匀,色泽青褐,通常砖面上压有凹形的"川"字,故也称为"川字茶"。主销内蒙古等地。

(11)紧茶。紧茶产于云南,是以普洱茶为原料的一种紧压茶。以前紧茶的外形为牛心形,有柄,因这种形状不便机械加工和包装,现已改为砖块形,规格为15厘米×10厘米×2.2厘米,每块重250克,四块一筒包装,主销西藏和云南的藏区。

(12)七子饼茶。七子饼茶又称圆茶,产于云南,是以普洱茶为原料在模内压制而成的一种圆饼形紧压茶,直径20厘米,中心厚2.5厘米,边缘厚1.3厘米,每块重357克。通常将七块圆茶包装成一筒,故称"七子饼茶"。主销东南亚各国。

(13)六堡茶。六堡茶产于广西苍梧县六堡乡,是将整理后的黑茶蒸软后筑压进竹篓而成的一种篓装紧压茶。有特殊的槟榔香气,存放越久品质越佳。

六堡茶属于温性茶,除了具有其他茶类所共有的保健作用外,更具有消暑祛湿、明目清心、帮助消化的功效。既可饱食之后饮之助消化,亦可以空腹饮之清肠胃。在闷热的天气里,饮用六堡茶清凉祛暑,倍感舒畅。科学试验和六堡茶爱好者品茗实践证明,六堡茶除含有人体必需的多种氨基酸、维生素和微量元素外,所含脂肪分解酵素高于其他茶类,故六堡茶具有更强的分解油腻、降低人体类脂肪化合物、胆固醇、甘油三酯的功效,长期饮用可以健胃养神、减肥健身。

3.萃取茶

萃取茶是指用热水泡茶浸提出的茶汁加工而成的一类茶制品，主要包括速溶茶、浓缩茶和罐装茶饮料。

（1）速溶茶。速溶茶又称茶精、茶粉。20世纪40年代产生于英国，我国在70年代开始生产，但产量不多。速溶茶是将茶叶用热水冲泡萃取出茶汁后，经浓缩、喷雾干燥或冷冻干燥等一系列工序加工而成的粉末状或颗粒状茶制品。其水溶性好，可溶于热水或冷水。冲泡无茶渣存在，冲饮十分方便，但其香气滋味不及普通茶浓醇。因速溶茶易吸湿，其成品包装应注意密封和防潮。速溶茶根据是否调香，又有纯茶粉和添加果香茶粉之分。前者如速溶红茶和速溶绿茶，后者如速溶柠檬红茶、速溶红果茶、速溶姜茶等。

（2）浓缩茶。浓缩茶是将成品茶经热水冲泡提出的茶汁进行减压浓缩或反渗透浓缩到一定浓度后装罐灭菌而制成的茶制品。浓缩茶可以作为罐装茶饮料的原汁，也可以加水稀释后直接饮用。

（3）罐装茶饮料。罐装茶饮料是指以成品茶的热水提取液或其浓缩液、速溶茶粉等为原料加工制成的，用罐（瓶）包装的液体茶饮品，可开罐（瓶）即饮，十分方便。其又分纯茶饮料和非纯茶饮料。纯

果汁茶饮料

茶饮料是将茶汤按一定标准调好浓度后添加一定的抗氧化剂，不加糖、香料即装罐（瓶）密封并灭菌而制成的。这种茶饮料基本保持了原茶类应有的风味，又称茶汤（水）饮料。非纯茶饮料是在茶汤中添加了各种调味物以改善口感而制成的茶饮品，比如果汁茶饮料、果味茶饮料、碳酸茶饮料、奶味茶饮料及其他茶饮料等。

4.果味茶

三花保健茶

果味茶有两种。一种是将食用果味香精喷洒到茶叶上制成，使茶叶带有果香。这种茶国外生产的较多，如草莓红茶、水蜜桃红茶、苹果红茶、百香红茶等。我国广东生产的荔枝红茶也属这种果味茶。另一种果味茶是在成品或半成品茶中加入果汁，烘干后制成。这是近年来开发出的新产品，我国生产的产品有柠檬红茶、猕猴桃茶、橘汁茶、椰汁茶、山楂茶等。果味茶风味独特，既有茶味，又带果香味，颇受消费者喜爱。

5.保健茶

保健茶是指将茶叶与某些医食两用的中草药配伍加工而成的复合茶。这种茶以营养保健为主，兼具一定防病治病功效，与以治病为主的药茶不同，属于一种保健饮品。保健茶因加入的配料药材不同而有很多种类。目前，据不完全统计，常见保健茶有近200种。各种保健茶的功能各不相同。概括来讲，各种保健茶的保健范围包括减肥健美、降脂降压、防癌抗癌、抗衰益寿、清音润喉、清热解暑、消食健胃、明目固齿、醒酒戒烟、治痢防毒等。

我国主要茶产区

我国幅员辽阔，人口众多，因此茶叶的生产和消费居世界之首。我国地跨六个气候带，地理区域东起台湾基隆，南沿海南琼崖，西至藏南

察隅河谷，北达山东半岛，绝大部分地区均可生产茶叶。全国大致可分为四大茶区，包括江南茶区、江北茶区、华南茶区、西南茶区。全国茶叶产区的分布，主要集中在江南地区，尤以浙江和湖南产量最多，其次为四川和安徽。甘肃、西藏和山东是新发展的茶区，年产量还不太大。

◇江南茶区

江南茶区位于中国长江中下游南部，包括浙江、湖南、江西等省和皖南、苏南、鄂南等地，为中国茶叶主要产区，年产量大约占全国总产量的2/3。生产的主要茶类有绿茶、红茶、黑茶、花茶以及品质各异的特种名茶，诸如西湖龙井、黄山毛峰、洞庭碧螺春、君山银针、庐山云雾等。

茶园主要分布在丘陵地带，少数在海拔较高的山区。这些地区气候四季分明，年平均气温为15℃～18℃；冬季气温通常在-8℃。年降水量1400～1600毫米，春夏季雨水最多，占全年降水量的60％～80％，秋季干旱。茶区土壤主要为红壤，部分为黄壤或棕壤，少数为冲积壤。

◇江北茶区

江北茶区位于长江中下游北岸，包括河南、陕西、甘肃、山东等省和皖北、苏北、鄂北等地。江北茶区主要生产绿茶。

六安瓜片

茶区年平均气温为15℃～16℃，冬季绝对最低气温通常为-10℃左右；年降水量较少，为700～1000毫米，且分布不匀，常使茶树受旱。茶区土壤多属黄棕壤或棕壤，是中国南北土壤的过渡类型。但少数山区，有良好的微域气候，故茶的质量亦不亚于其他茶区，如六安瓜片、信阳毛尖等。

小贴士

茶子饼粉撒于河边,有杀灭钉螺之效。

◇ 华南茶区

华南茶区位于中国南部,包括广东、广西、福建、台湾、海南等省(区),为中国最适宜茶树生长的地区。有乔木、小乔木、灌木等各种类型的茶树品种,茶资源极为丰富,生产红茶、乌龙茶、花茶、白茶和六堡茶等,所产大叶种红碎茶,茶汤浓度较大。

◇ 西南茶区

西南茶区位于中国西南部,包括云南、贵州、四川三省以及西藏东南部,是中国最古老的茶区。茶树品种资源丰富,生产红茶、绿茶、沱茶、紧压茶和普洱茶等,是中国发展大叶种红碎茶的主要基地之一。

所谓名茶,是指知名度高的优质茶。名茶的形成,主要决定于其原料与制法。名茶生产,对鲜叶原料要求特别高。首先鲜叶应来自生长在优越的自然生态环境和良好的栽培管理条件下的茶树。其次,采摘标准一定要严格规范。最后还必须要有好的制茶工艺,才能制出优质茶叶。每种名茶都有一套独特的制作工艺,而且做工要求很高,很精细。此外,名茶之成名,往往还与某些秀丽的风景名胜、名人的诗词歌赋,以及美妙的神话故事、历史传说紧密联系在一起。风光秀丽的风景名胜,既为茶树生长提供了良好的自然生态环境,也为茶叶的扬名创造了良好条件。我国古代文人对茶都十分钟爱,品质上佳的名茶更受他们青睐,

因而引起他们讴歌的兴趣。诗人们为名茶而吟诗作赋，客观上为茶叶扬名四方起到了很好的推广作用。我国历史上，神话故事、民间传说非常丰富，他们与茶结合，更加有助于名茶知名度的提高。人们品饮名茶，不仅能从中品出其色香味的物质美，更能从中获得无以比拟的精神愉悦和美感。

综观历史，我国的名茶起源于贡茶。然而在唐之前，贡茶并没有专门茶名，也就谈不上名茶。因此，介绍历史名茶，只能由唐代而始。

◇唐代名茶

根据唐代陆羽《茶经》等诸多历史记载，唐代名茶主要有以下一些：

顾渚紫笋茶，产于湖州（现浙江长兴）。

阳羡茶，产于常州（现江苏宜兴）。

寿州黄芽，产于寿州（现安徽霍山）。

靳门团黄，产于湖北靳春。

蒙顶石花，又名蒙顶茶，产于剑南雅州名山（现四川雅安蒙山顶）。

神泉小团，产于东川（现云南东川）。

昌明茶、兽目茶，产于绵州四剑阁以南、西昌昌明神泉县西山（现四川绵阳的安县和江油市）。

碧间、明月、芳蕊、茱萸，产于峡州（现湖北宜昌）。

方山露芽，产于福州。

香雨，又名真香、香山，产于夔州（现四川奉节、万县）。

楠木茶，产于荆州江陵（现湖北江陵）。

衡山茶，产于湖南省衡山，其中以石廪茶最著名。

顾渚紫笋茶

邕泡湖含膏，产于岳州（现湖南岳阳）。

东白，产于婺州（现浙江东阳东白山）。

鸠坑茶，产于睦州桐庐县山谷（现浙江淳安）。

西山白露，产于洪州（现江西南昌西山）。

仙崖石花，产于彭州（现四川彭县）。

绵州松岭，产于绵州（现四川绵阳）。

仙人掌茶，产于荆州（现湖北当阳），属蒸青散茶，仙人掌状。

夷陵茶，产于峡州（现湖北夷陵）。

茶牙，产于金州汉阴郡（现陕西安康、汉阴）。

衡山茶

紫阳茶，产于陕西紫阳。

义阳茶，产于义阳郡（现河南信阳市南）。

六安茶，产于寿州盛唐（现安徽六安），其中"小岘春"最出名。

天柱茶，产于寿州霍山（现安徽霍山）。

黄冈茶，产于黄州黄冈（现湖北黄冈麻城）。

雅山茶，产于宣州宣城（现安徽宣城）。

天目山茶，产于杭州天目山。

径山茶，产于杭州（现浙江余杭）。

歙州茶，产于歙州婺源（现江西婺源）。

仙茗，产于越州余姚瀑布泉岭（现浙江余姚）。

腊面茶，又名建茶、武夷茶、研膏茶，产于建州（现福建建瓯）。

横牙、雀舌、鸟嘴、麦颗、片（鳞）甲、蝉翼，产于蜀州的晋源、洞口、横原、味江、青城等地（现四川温江、都江堰市一带），属著名的蒸青散茶。

邛州茶，产于邛州的临邛、临溪、

武夷茶

思安等地（现四川邛崃市）。

泸州茶，又名纳溪茶，产于泸州纳溪（现四川宜宾、泸县）。

峨眉白芽茶，产于眉州峨眉山（现四川乐山地区）。

赵坡茶，产于汉州广汉（现四川绵竹）。

界桥茶，产于袁州（现江西宜春）。

茶岭茶，产于夔州（现四川奉节、巫溪、巫山、云阳等县）。

剡溪茶，产于越州剡县（现浙江嵊州）。

蜀冈茶，产于扬州江都。

庐山茶，产于江州庐山（现江西庐山）。

柏岩茶，又名半岩茶，产于福州鼓山。

九华英，产于剑阁以东蜀中地区。

小江园，产于剑州小江园（现福建南平）。

◇宋代名茶

据《宋史·食货志》和宋徽宗赵佶《大观茶论》等记载，宋代名茶主要有以下一些：

顾渚紫笋，产于湖州（现浙江长兴）。

阳羡茶，产于常州（现江苏宜兴）。

日铸茶，产于浙江绍兴。

瑞龙茶，产于浙江绍兴。

谢源茶，产于歙州婺源（现江西婺源）。

双井茶，又名洪州双井、黄隆双井、双井白芽等，产于分宁（现江西修水）、洪州（现江西南昌）。

宜兴阳羡茶

雅安露芽、蒙顶茶，产于四川蒙山顶（现四川雅安）。

临江玉津，产于江西清江。

袁州金片，产于江西宜春。

青凤髓，产于建安（现福建建瓯）。

纳溪梅岭，产于泸州（现四川泸县）。

巴东真香，产于湖北巴东。

龙芽，产于安徽六安。

方山露芽，产于福州。

五果茶，产于云南昆明。

普洱茶，产于云南西双版纳，集散地在普洱县。

径山茶

鸠坑茶，产于浙江淳安。

瀑布岭茶、五龙茶、真如茶、紫岩茶、胡山茶、鹿苑茶、大昆茶、小昆茶、焙烘茶、细坑茶，产于浙江嵊县（现浙江嵊州）。

径山茶，产于浙江余杭。

天台茶，产于浙江天台。

天尊岩贡茶，产于浙江分水（现桐庐）。

西庵茶，产于浙江富阳。

石笕岭茶，产于浙江诸暨。

雅山茶、鸟嘴茶，产于蜀州横源（现四川温江一带）。

宝云茶，产于浙江杭州。

白云茶，产于浙江乐

小贴士

雁荡山，位于中国浙江省乐清市境内，部分位于永嘉县及温岭市，距杭州297公里，距温州68公里，素有"寰中绝胜"、"海上名山"之誉，史称"东南第一山"。因山顶有湖，芦苇茂密，结草为荡，南归秋雁多宿于此，故名雁荡山。

清雁荡山。

月兔茶，产于四川涪州。

花坞茶，产于越州兰亭（现浙江绍兴）。

仙人掌茶，产于湖北当阳。

紫阳茶，产于陕西紫阳。

信阳茶，产于河南信阳市南。

茶叶

黄岭山茶，产于浙江临安。

龙井茶，产于浙江杭州。

虎丘茶，产于江苏苏州虎丘山。

洞庭山茶，产于江苏苏州。

灵山茶，产于浙江宁波鄞县。

沙坪茶，产于四川青城。

邛州茶，产于四川邛崃市。

峨眉白芽茶，产于四川峨眉山，属散芽茶。

武夷茶，产于福建武夷山。

卧龙山茶，产于越州（现浙江绍兴）。

修仁茶，产于修仁（现广西荔浦）。

◇元代名茶

据相关史料介绍，元代名茶主要有以下一些：

头金、骨金、次骨、末骨、粗骨，产于建州（现福建建瓯）和剑州（现福建南平）。

泥片，产于虔州（现江西赣县）。

绿英、金片，产于袁州（现江西宜春）。

早春、华英、来泉、胜金，产于歙州。

独行、灵草、绿芽、片金、金茗，产于潭州（现湖南长沙）。

大石枕，产于江陵（现湖北江陵）。

大巴陵、小巴陵、开胜、开卷、小开卷、生黄翎毛，产于岳州（现湖南岳阳）。

双上绿芽、大小方，产于澧州（现湖南南澧县）。

东首、浅山、薄侧，产于光州（现河南潢川）。

清口，产于归州（现湖北秭归）。

雨前、雨后、杨梅、草子、岳麓，产于荆湖（现湖北武昌至湖南长沙一带）。

龙溪、次号、末号、太湖，产于淮南（现扬州至合肥一带），均为散茶。

茗子，产于江南（现江苏江宁至江西南昌一带）。

仙芝、嫩蕊、福合、禄合、运合、庆合、指合，产于饶州（现安徽浮梁、贵池、青阳九华山一带）。

龙井茶，产于杭州。

武夷茶，产于福建武夷山一带。

阳羡茶，产于常州（现江苏宜兴）。

蒙顶石花

◇ 明代名茶

据顾元庆《茶谱》（1541年）等记载，明代名茶主要有以下一些：

蒙顶石花、玉叶长春，产于剑南（现四川雅安地区蒙山）。

顾渚紫笋，产于湖州（现浙江长兴）。

碧涧、明月，产于峡州（现湖北宜昌）。

火井、思安、芽茶、家茶、孟冬，产于邛州（现四川邛崃市）。

薄片，产于渠江（现四川从广安至达县）。

真香，产于巴东（现四川奉节东北）。

柏岩，产于福州（现福建闽侯一带）。

白露，产于洪州（现江西南昌）。

阳羡茶，产于常州（现江苏宜兴）。

举岩，产于婺州（现浙江金华）。

阳坡，产于了山（现安徽宣城）。

骑火，产于龙安（现四川龙安）。

绿昌明

都濡、高株，产于黔阳（现四川泸州）。

麦颗、鸟嘴，产于蜀州（现四川成都、雅安一带）。

云脚，产于袁辩（现江西宜春）。

绿花、紫英，产于湖州（现浙江吴江一带）。

白芽，产于洪州（现江西南昌）。

瑞草魁，产于宣城了山（现安徽宣城）。

小四岘春，产于六安州（现安徽六安）。

茱萸、芳蕊、小江团，产于峡州（现湖北宜昌）。

先春、龙焙、石崖白，产于建州（现福建建瓯）。

绿昌明，产于建南（现四川剑阁以南）。

苏州虎丘，产于江苏苏州。

苏州天池，产于江苏苏州。

西湖龙井，产于浙江杭州。

皖西六安，产于安徽六安。

浙西天目，产于浙江临安。

武夷岩茶，产于福建崇安武夷山。

云南普洱，产于云南西双版纳，集散地在普洱县。

新安新罗，产于安徽休宁北乡松萝山。

余姚瀑布茶、童家岙茶，产于浙江余姚。

石埭茶，产于安徽石台。

瑞龙茶，产于越州卧龙山（现浙江绍兴）。

日铸茶、小朵茶、雁路茶，产于越州（现浙江绍兴）。

石笕茶，产于浙江诸暨。

分水贡芽茶，产于浙江分水（现浙江桐庐）。

天目茶，产于浙江临安。

剡溪茶，产于浙江嵊县（现浙江嵊州）。

雁荡龙湫茶，产于浙江乐清雁荡山。

方山茶，产于浙江龙游。

石笕茶

◇ 清代名茶

有清一代，逐步形成了我国至今还继续保留着的传统名茶。清代名茶主要有以下一些：

武夷岩茶，产于福建崇安武夷山。

黄山毛峰，产于安徽歙县黄山。

徽州松萝，产于安徽休宁。

西湖龙井，产于浙江杭州。

普洱茶，产于云南西双版纳。

闽红功夫红茶，产于福建政和县、福鼎县和福安县。

祁门红茶，产于安徽祁门一带。

婺源绿茶，产于江西婺源。

小贴士

黄山位于安徽省南部黄山市境内，有"天下第一奇山"之美称。徐霞客曾两次游黄山，留下了"五岳归来不看山，黄山归来不看岳"的感叹。黄山是著名的避暑胜地，是国家级风景名胜区和疗养避暑胜地。生态保护完好，动植物众多。

洞庭碧螺春，产于江苏苏州太湖洞庭山。

石亭豆绿，产于福建南安石亭。

敬亭绿雪，产于安徽宣城。

涌溪火青，产于安徽泾县。

六安瓜片，产于安徽六安。

太平猴魁，产于安徽太平。

信阳毛尖，产于河南信阳。

紫阳毛尖，产于陕西紫阳。

舒城兰花，产于安徽舒城。

紫阳毛尖

老竹大方，产于安徽歙县。

泉岗辉白，产于浙江嵊县（现浙江嵊州）。

庐山云雾，产于江西庐山。

君山银针，产于湖南岳阳君山。

安溪铁观音，产于福建安溪一带。

苍梧六堡茶，产于广西苍梧六堡乡。

屯溪绿茶，产于安徽休宁一带。

桂平西山茶，产于广西桂平西山。

南山白毛茶，产于广西横县南山。

恩施玉露，产于湖北恩施。

天尖，产于湖南安化。

政和白毫银针，产于福建政和。

凤凰水仙，产于广东潮安。

闽北水仙，产于福建建阳和建瓯。

鹿苑茶，产于湖北远安。

青城山茶、沙坪茶，产于四川灌县（今都江堰市）。

名山茶、雾钟茶，产于四川雅安、名山。

峨眉白芽茶，产于四川峨眉山。

务川高树茶，产于贵州铜仁。

贵定云雾茶,产于贵州贵定。
湄潭眉尖茶,产于贵州湄潭。
严州苞茶,产于浙江建德。
莫干黄芽,产于浙江余杭。
富阳岩顶,产于浙江富阳。
九曲红梅,产于浙江杭州。
温州黄汤,产于浙江温州平阳。

莫干黄芽

我国绿茶名品

◇ 西湖龙井

西湖龙井是我国的第一名茶,产于浙江杭州西湖的狮峰、龙井、五云山、虎跑一带。

西湖龙井

龙井茶集天地之灵气、日月之精华,散发出沁人心脾的清香,其品质以产于狮峰山之龙井为最佳。这里林木茂密,山清水秀,景色秀丽,尤其初春时节,细雨蒙蒙,如雾如纱加之云雾缭绕,形成了一幅天然美丽的图画。

每每到采茶季节,采茶人便身挎一篓,在茶田里细细地选,轻轻地摘,将茶采下后以一口光滑的铁制锅进行炒制。茶农炒茶时的手法巧妙得很,他们不断地变换着抖、搭、捺、甩、抓、推、扣、压、磨等手法,有条不紊,犹如娴熟的琴师在拨弄着琴弦,茶在他们的手下发出的"沙沙"响声,亦如一曲美妙动听的音乐不绝于耳。

龙井茶外形扁平挺秀,色泽绿翠,叶细嫩,手感光滑,一芽一叶或二叶,条形整齐,宽度一致,让人由衷地发出"欲把西湖比西子,从来

佳茗似佳人"的感叹。龙井素以"色翠、香郁、味醇、形美"四绝著称，驰名中外。冲泡龙井茶以玻璃杯为宜，将龙井茶置于杯中，以水冲之，但见朵朵茶芽袅袅浮起，旗枪交相辉映，好比出水芙蓉，其娇色俏嫩可人，且茶汤碧绿，香气清高，滋味甘醇，实乃茶之神品。

◇庐山云雾

庐山云雾产于江西庐山。庐山云雾茶，古称"闻林茶"，从明代起始称"庐山云雾"。此茶产于江西庐山，是绿茶类名茶。

庐山云雾

庐山云雾茶不仅具有理想的生长环境以及优良的茶树品种，还要求精湛的采制技术。在清明前后，随海拔增高，鲜叶开采期相应延迟到"五一"节前后，以一芽一叶为标准。

庐山云雾茶的工艺特点：由于天气条件，云雾茶比其他茶采摘时间较晚，通常在谷雨至立夏之间始开园采摘。采摘标准为一芽一叶初展，长度不超过5厘米，剔除紫芽、病虫害叶。采后摊于阴凉通风处，放置4～5小时后始进行炒制，后经杀青、抖散、揉捻、理条、搓条、提毫、烘干、拣剔等工序，成品才算制成。庐山云雾茶的品质特点：芽壮叶肥、白毫显露、色泽翠绿、幽香如兰、滋味深厚、鲜爽甘醇、耐冲泡、

小贴士

鄱阳湖，中国第一大淡水湖，也是中国第二大湖，仅次于青海湖，位于江西省北部，长江南岸，1992年被列入"世界重要湿地名录"，主要保护对象为珍珠候鸟及湿地生态系统。

汤色明亮、饮后回味香绵。高级的云雾茶条索秀丽，嫩绿多毫，香高味浓，汤色清澈，经久耐泡，为绿茶之精品。这是因为号称"匡庐奇秀甲天下"的庐山，北临长江，南傍鄱阳湖，气候温和，山水秀美，十分适宜茶树生长。

黄山毛峰

◇黄山毛峰

黄山毛峰产于安徽黄山，是我国十大名茶之一，也是国际名茶之一。黄山植被覆盖率达56%，种类多达1452种，是华东植物荟萃之地，尤以黄山松和名茶"黄山毛峰"、名药"灵芝草"驰名中外。黄山毛峰产地在黄山桃花峰桃花溪两岸的云谷寺、松谷庵、吊桥庵、慈光阁及海拔1200米的半山寺周围。现在黄山毛峰的生产已扩展到黄山山峰南北麓的黄山市徽州区、黄山区、歙县、黟县等地。

黄山地区，"晴时早晚遍地雾，阴雨成天满山云"，云雾缥缈，很适合茶树生长。黄山毛峰采摘期在清明至谷雨之间，特级茶采摘初展的一芽一叶，一级茶采摘初展芽一叶和一芽二叶，二级茶采摘开展的一芽二叶和初展的一芽三叶，三级茶采摘开展的一芽二叶和一芽三叶。采摘回的鲜茶，制作前要严格拣别，剔去老叶、茎之后，摊晾，而后进行加工。加工采取烘青绿茶的制法，要求严格，经过杀青、揉捻、烘焙三道工序制成，每道工序都有严格规定。杀青要求鲜叶下锅，撒得开，翻得匀，手势轻，使茶色均匀、杀青透彻。揉捻采取边炒边揉的方法，加以整条，不能把芽叶揉碎，白毫不能受损，条索卷曲紧实。烘烤主要是控制火候，要求温度适当，勤炒勤翻，以免烘焦而破坏香味。

黄山毛峰茶外形秀美，每片长约半寸，绿中泛微黄，色泽油润光

亮；尖芽紧偎叶中，酷似雀舌；芽端密布绒细白毫，叶芽下托着一片金黄色鱼叶；开汤后雾气结顶，清香四溢，若兰蕙之香，且冲泡后芽叶浮沉于杯中，有"轻如蝉翼，嫩似莲须"之说。入口爽，进嗓润，味甘如饴，余味深长，能振奋精神，消除疲劳。

特级黄山毛峰形似雀舌，白毫显露，色似象牙，鱼叶金黄。冲泡后，汤色清澈，滋味鲜浓、醇厚、甘甜，叶底嫩黄，肥壮成朵。其中"鱼叶金黄"和"色似象牙"是特级黄山毛峰外形与其他毛峰不同的两大明显特征。

◇六安瓜片

六安瓜片为历史名茶，属绿茶类，创制于清末，是六安茶后起之秀。该茶产于安徽省六安市裕安区、金安区、金寨县，主产区位于齐头山、独山一带。齐头山地域产品因质量超群，故有"齐山名片"之称。

六安瓜片工艺独特：一是鲜叶必须长到"开面"才采摘；二是鲜叶通过"扳片"，剔除芽头、茶梗，掰开嫩片、老片；三是嫩片老片分别杀青，生锅、熟锅连续作业，杀青、失水、造型相结合；四是烘焙分毛火、小火、拉老火，火温先低后高。特别是最后的工序拉老火，炉火猛烈、火苗盈尺，抬（烘）篮走烘，每次只烘一两秒钟，即下烘翻拌，烘翻80~120次，才下烘承热装筒。

独特的采制工艺，形成了六安瓜片的独特风格。单片顺直匀整，叶边背卷舒展，不带芽、梗，形似瓜子，干茶色泽翠绿，起霜有润。汤色清澈，香气高长，滋味鲜醇回甘，叶底黄绿匀亮。优质的齐山名片具有花香野韵，为片茶之珍品。"六安瓜片药效高，消食解毒去疲劳"，在国内市场享有很高声誉。1949年后，六安瓜片一直主销长江中下游芜湖、南京、上海等城市，在沿淮、淮北、河南、山东、苏北以及京津地区，一度是紧俏茶品，供不应求，并于20世纪80年代进入中国香港、澳门地区及新加坡等市场，受到好评。

◇ 太平猴魁

太平猴魁

太平猴魁属绿茶类,为历史名茶,创制于清末。该茶产于安徽省黄山市黄山区(原太平县)新明、龙门、三口一带,主产区位于新明乡三门村的猴坑、猴岗、颜家。茶园皆分布在350米以上的中低山,土质多黑沙壤土,土层深厚,富含有机质。茶山地势多坐南朝北,位于半阴半阳的山脊山坡。茶树长势好,加上肥培管理和适度修剪,芽叶肥壮、重实、匀齐。优质的芽叶长约6厘米,一芽二叶的芽尖和叶尖长短相齐。由于鲜叶质量要求高,每公顷茶园只能产70～80千克猴魁茶。

太平猴魁外形两叶抱芽,扁平挺直,自然舒展,白毫隐伏,有"猴魁两头尖,不散不翘不卷边"之称。叶色苍绿匀润,叶脉绿中隐红,俗称"红丝线";兰香高爽,滋味醇厚回甘,有独特的"猴韵",汤色清绿明澈,叶底嫩绿匀亮,芽叶成朵肥壮。

◇ 都匀毛尖

都匀毛尖又名"白毛尖"、"细毛尖"、"鱼钩茶"、"雀舌茶",是贵州三大名茶之一,中国十大名茶之一。该茶产于贵州省都匀市(属黔南布依族苗族自治区)。都匀位于贵州省的南部,市区东南东山屹立,西面蟒山对峙。都匀毛尖主要产地在团山、哨脚、大槽一带,这里山谷起伏,海拔千米,峡谷溪流,林木苍郁,云雾笼罩;冬无严寒;夏无酷暑,四季宜人,年平均气温为16℃,年平均降水量在1400多毫米;当地土层深厚,土壤疏松湿润,土质是酸性或微酸性,内含大量的铁质和磷酸盐。这些特殊的自然条件不仅适宜茶树的生长,而且也形成了都匀毛尖的独特风格。

◇ 信阳毛尖

信阳毛尖产于河南信阳，是我国著名的内销绿茶，以原料细嫩、制工精巧、形美、香高、味长而闻名，已有两千多年历史。人云："师河中心水，车云顶上茶。"此茶成品

信阳毛尖

条索细圆紧直，色泽翠绿，白毫显露；汤色清绿明亮，香气鲜高，滋味鲜醇；叶底芽壮，嫩绿匀整；饮后回甘生津，冲泡四五次，尚保持有长久的熟栗子香。

◇ 洞庭碧螺春

洞庭碧螺春产于江苏吴县太湖之滨的洞庭山，用春季从茶树采摘下的细嫩芽头炒制而成。高级的碧螺春，每千克干茶需要茶芽13.6万～15万个。碧螺春的品质特点是：条索纤细、卷曲成螺、满身披毫、银白隐翠、清香淡雅、鲜醇甘厚、回味绵长，其汤色碧绿清澈，叶底嫩绿明亮，有"一嫩（芽叶）三鲜（色、香、味）"之称。当地茶农对碧螺春描述为："铜丝条，螺旋形，浑身毛，花香果味，鲜爽生津。"品赏碧螺春时，先取茶叶放入透明玻璃杯中，以少许开水浸润茶叶，待茶叶舒展开后，再将杯斟满。一时间杯中犹如雪片纷飞，只见"白云翻滚，雪花飞舞"，观之赏心悦目，闻之清香袭人，端在手中，顿感其贵如珍，宛如高级工艺品，令人爱不释手。

鉴赏正品碧螺春一般采用"三看"、"三闻"、"三品"、"三回味"的传统方法。

"三看"即一看干茶的外形、二看茶汤的色泽、三看叶底：正品碧螺春其银芽显露，一芽一叶，芽为白毫卷曲形，叶为卷曲清绿色，外

形条索纤细,细而不断,卷曲成螺,满身披毫,银白隐翠;汤色碧绿清澈;叶底幼嫩,均匀明亮。

"三闻"即一闻干茶的香型(正品青而不腥),二闻热茶香味,三闻杯底留香。

"三品"即品火功、品滋味、品韵味。

"三回味"是品饮完毕后舌根、齿隙和喉底的回甘;其中舌根回味甘甜,满口生津;齿隙的回味甘醇,留香尽日;喉底回味甘爽,气脉畅通,五脏六腑如得滋润,使人心旷神怡,飘然欲仙。

◇蒙顶甘露茶

蒙顶甘露

蒙顶茶产于四川省名山、雅安两县的蒙山一带,四川蒙顶山上清峰汉代甘露祖师吴理真手植七株仙茶的遗址。蒙顶甘露是中国最古老的名茶,被尊为"茶中故旧"、"名茶先驱"。蒙顶甘露茶形状纤细,叶整芽全,叶嫩芽壮,身披银毫;色泽嫩绿油润;汤色黄碧,清澈明亮;香馨高爽,味醇甘鲜,沏两遍时,越发鲜醇,使人齿颊留香。蒙顶茶自唐入贡,久负盛名,被誉为仙茶、贡茶,古往今来均为我国名茶珍品。

◇婺源绿茶

婺源绿茶产于江西省婺源县。婺源县地处赣东北山区,为怀玉山脉和黄山山脉环抱,地势高峻,峰峦耸立,山清水秀,土壤肥沃,气候温和,雨量充沛,终年云雾缭绕,最适宜栽培茶树。这里"绿丛遍山野,户户有香茶",是中国著名的绿茶产区。

婺源绿茶叶质柔软,持嫩性好,芽肥叶厚,有效成分高,宜制优质绿茶。茶叶香气清高持久,有兰花之香,滋味醇厚鲜爽,汤色碧绿澄明,芽叶柔嫩黄绿,条索紧细纤秀,锋毫显露,色泽翠绿光润。

我国红茶名品

◇祁红

祁红是祁门红茶的简称,为功夫红茶中的珍品。在红遍全球的红茶中,祁红独树一帜,百年不衰,以其"高香形秀"著称,具有独特的清鲜持久的香味,被国内外茶师称为砂糖香或苹香,并蕴藏有兰花香,博得国际市场的经久青睐,被奉为茶之佼佼者。1915年祁红曾在巴拿马国际博览会上荣获金牌奖章,创制一百多年来,一直保持着优异的品质风格,蜚声中外,国际市场上称之为"祁门香"。英国人最喜爱祁红,全国上下都以能品尝到祁红为口福,皇家贵族也以祁红作为时髦的饮品,用茶向女王祝寿,赞美茶为"群芳最"。祁红生产条件极为优越,真是天时、地利、人勤、种良,得天独厚,所以祁门一带大都以茶为业,上下千年,始终不败;而祁红功夫一直保持着很高的声誉,芬芳常在。

祁红功夫茶

小贴士

把茶包晒干,放在潮湿处,可以去潮。

◇ 川红

川红功夫，简称川红，产于四川省宜宾等地，是20世纪50年代开始生产的功夫红茶。川红功夫茶是我国功夫红茶主要品种之一，亦属红茶珍品之一。川红功夫外形条索肥壮圆紧，显金毫，色泽乌黑油润，内质香气清鲜带枯糖香，滋味醇厚鲜爽，汤色浓亮，叶底厚软红匀。川红珍品"早白尖"，更是以早、嫩、快、好的突出特点及优良的品质，博得国内外茶界人士的好评。

◇ 滇红

滇红功夫，简称滇红，产于云南西双版纳和景洪、普文等地。滇红功夫茶，属大叶种类型的功夫茶，是我国功夫红茶的新葩，以外形肥硕紧实、金毫显露和香高味浓的品质独树一帜，著称于世。滇红是世界茶叶市场上的著名红茶品种。滇茶分功夫茶和碎茶两种。滇红功夫特点是外形条索紧结，肥硕雄壮，干茶色泽乌润，金毫特显；内质汤色艳亮，香气鲜郁高长，滋味浓厚鲜爽，富有刺激性；叶底红匀嫩亮。

◇ 湖红

湖红功夫茶

湖红功夫，简称湖红，主产于湖南省安化、桃源、涟源、邵阳、平江、浏阳、长沙等县市，而湘西石门、慈利、桑植、张家界等县市所产的功夫茶谓之湘红，归入"湖红功夫"范畴。湖红功夫以安化功夫为代表，外形条索紧结且肥实，香气高，滋味醇厚，汤色浓，叶底红稍暗。平江功夫香高，但欠匀净;浏阳的大围山一带所产湖红香高味厚(靠近江西修水,归入宁红功夫);安化、桃源功夫外形条索紧细,毫较多,锋苗好,但叶肉较薄,香气较低;涟源功夫系新发展的茶,条索紧细,香味较淡。

◇闽红

闽红功夫,简称闽红,是政和功夫、坦洋功夫和白琳功夫的统称,均系福建功夫红茶特产。三种功夫茶产地不同、品种不同、品质风格不同,但各自拥有自己的消费爱好者,盛兴百年而不衰。

(1)政和功夫。政和功夫产于闽北,以政和县为主,松溪以及浙江的庆元地区所产红毛茶,亦集中在政和县加工。政和功夫按品种分为大茶、小茶两种。大茶系采用政和大白条制成,是闽红三大功夫茶的上品,外形条索紧结肥壮多毫,色泽乌润,内质汤色红浓,香气高而鲜甜,滋味浓厚,叶底肥壮尚红。小茶系

坦洋功夫茶

用小叶种制成,条索细紧,香似祁红,但欠持久,汤稍浅,味醇和、叶底红匀。政和功夫以大茶为主体,扬其毫多味浓之优点,又适当拼以高香之小茶,因此,高级政和功夫体态匀称,毫心显露,香味俱佳。

(2)坦洋功夫。坦洋功夫分布较广,主产福安、拓荣、寿宁、周宁、霞浦及屏南北部等地。坦洋功夫源于福安境内白云山麓的坦洋村,相传清咸丰、同治年间(1851～1874年),坦洋村有个叫胡福四(又名胡进四)的人,试制红茶成功,经广州远销西欧,很受欢迎,此后茶商纷纷入山求市,接踵而来并设洋行。坦洋村周围各县茶叶亦渐云集坦洋,坦洋功夫名声也就不胫而走。坦洋功夫外形细长匀整,带白毫,色泽乌黑有光;肉质香味清鲜甜和,汤鲜艳呈金黄色;叶底红匀光滑。其中坦洋、寿宁、周宁山区所产功夫茶,香味醇厚,条索较为肥壮;东南临海的霞浦一带所产功夫茶色鲜亮,条形秀丽。

（3）白琳功夫。白琳功夫产于福鼎县太姥山白琳、湖林一带。白琳功夫茶系小叶种红茶，当地种植的小叶种红茶具有茸毛多、萌芽早、产量高的特点，通常的白琳功夫，外形条索细长弯曲，茸毫多呈颗粒缄球状，色泽黄黑；内质汤色浅亮，香气鲜纯有毫香，味清鲜甜；叶底鲜红带黄。

◇宁红

宁红功夫，简称宁红，是我国最早的功夫红茶珍品之一，产于江西省修水县。修水在元代称宁州，故此得名。宁红茶素以条索秀丽，金毫显露，锋苗挺拔，色泽红艳，香味持久而闻名中外。宁红茶的成品共分八个等级，其中特级宁红以紧细多毫，锋苗毕露，乌黑油润，鲜嫩浓郁，鲜醇爽口，柔嫩多芽，汤色红艳著称于世。

◇英德红碎茶

英德红碎茶产于广东，以浓、强、鲜明而著称。秋季生产，含有自然花香。它色泽乌润，颗粒均匀结实，香气高锐，茶汤红亮，滋味浓烈，饮后甘美怡神，清心爽口，适合清饮。而加上牛奶、白糖后，色、香、味也俱佳。英德红碎茶在东南亚和我国的港澳地区很受欢迎。

◇云南红碎茶

云南红碎茶具备独特风格。它的原料芽叶肥壮，叶底柔软，持嫩性好，其主要内含物如水浸出物、多酚类、儿茶素含量均高于国内其他优良品种，是我国著名的红茶良种。云南红碎茶香气高锐浓郁，汤色红艳明亮，滋味浓厚强烈，加乳后呈姜黄色，味浓爽，富有刺激性。品质优异，在国际市场上享有较高声誉。

◇ 正山小种

正山小种属条形小种红茶，产于福建省崇安县星村镇桐木关村。因集中于星村镇加工，故又称"星村小种"。正山小种茶历史悠久，品质别具风格，香气高锐，微带橙木香，滋味强烈而爽口；加入牛奶后，芳香不减，形成的奶茶犹如琼浆玉脂，惹人喜爱。

正山小种

我国黄茶名品

◇ 君山银针

君山银针产于湖南岳阳洞庭湖中的君山。君山又名洞庭山，为湖南岳阳市君山区洞庭湖中岛屿，有"洞庭帝子春长恨，二千年来草更长"的描写。岛上土壤肥沃，多为砂质土壤，年平均温度16℃～17℃，年降雨量为1340毫米左右，相对湿度较大，3～9月间的相对湿度约为80%，气候非常湿润。春夏季湖水蒸发，云雾弥漫，岛上树木丛生，自然环境适宜茶树生长，山地遍布茶园。

君山银针是黄茶中的珍品，其成品茶芽头茁壮，长短大小均匀，茶芽内面呈金黄色，外层白毫显露完整，而且包裹坚实，茶芽外形很像一根根银针，故得其名。君山茶历史悠久，唐代就已生产、出名。文成公主出嫁西藏时就曾选带了君山茶。后梁时已列为贡茶，以后历代相袭。

该品种全由芽头制成，茶身满布毫毛，色泽鲜亮，香气高爽，汤色橙黄，滋味甘醇，虽久置而其味不变。冲泡时可从明亮的杏黄色茶汤中看到三起三落，雀舌含珠，枪丛林立，具有很高的欣赏价值。其采制要

求很高，比如采摘茶叶的时间只能在清明节前后7～10天内，还规定了九种情况下不能采摘，即雨天、风霜天、虫伤、细瘦、弯曲、空心、茶芽开口、茶芽发紫、不合尺寸。

◇蒙顶黄芽

蒙顶黄芽是四川省雅安市蒙顶山又一名茶，属于芽形黄茶之一。蒙顶黄芽采摘于春分时节，每年清明节前采下的鳞片展开的圆肥单芽为原料成品茶，鲜叶采摘标准为一芽一叶初展，每市斤鲜叶约有8000～10000个芽头。黄芽外形芽叶整齐，形状扁直，芽匀整多毫，色泽金黄，内质香气清纯，汤色黄亮，滋味甘醇，叶底嫩匀。

蒙顶黄芽

该茶自唐始至明清皆为贡品。俗话说："昔日皇帝茶，今入百姓家！"这就是蒙顶黄芽的真实写照。

我国花茶名品

◇苏州茉莉花茶

这是我国茉莉花茶中的名品，以所用茶坯、配花量、窨次、产花季节的不同而有浓淡之分，其香气与花期相关。头花所窨者香气较淡，优花窨者香气最浓。苏

小贴士

因寒冷和气候干燥致使手脚开裂口时，可将少量茶叶嚼碎敷在患处，再用纱布包好，裂口就会很快愈合。

州茉莉花茶主要茶坯为烘青，也有杀茶、尖茶、大方，特高者还有以龙井、碧螺春、毛峰窨制的高级花茶。与同类花茶相比属清香类型，香气清芬鲜灵，茶味醇和含香，汤色黄绿澄明。

从新中国成立初期开始，苏州茉莉花茶开始出口，除销往中国香港外，还外销东南亚、欧洲、非洲的二十多个地区和国家。

◇福建茉莉花茶

福建茉莉花茶以福州茉莉花茶和天山银毫为代表。

1.福州茉莉花茶

福州茉莉花茶选用上等绿茶为原料，配窨天然茉莉鲜花精制而成，产品芬芳浓郁，醇甘鲜爽，水色明净，叶片嫩绿，又称香片。福州茉莉花茶，以烘清茶坯窨制者分，则有特级、一至七级等八个品目。特种茉莉花茶的品目有东风、灵芝、银毫、秀眉、雀舌毫、明前绿等上品。福州茉莉花为浓香型茶，花香浓烈而鲜灵持久，茶汤醇厚显香，汤色黄绿明亮，且耐泡，高档茶虽经三次冲泡，仍香味较浓。

2.天山银毫

天山银毫选用高级天山烘青绿茶与"三三伏"优质茉莉，按传统工艺窨制而成。茶形紧秀匀齐，白毫显露，色泽嫩绿，水色透明，香气鲜灵浓厚，叶底肥嫩柔软。

◇珠兰花茶

珠兰花茶，是我国主要花茶产品之一，因其香气芬芳幽雅，持久耐储而深受消费者青睐。珠兰花茶主要产于福州、安徽歙县等地，以清香幽雅，鲜突持久的珠兰和米兰为原料，选用高级黄山毛峰、徽州烘青、

老竹大方等优质绿茶作茶坯,混合窨制而成。其中尤以福州珠兰花茶为佳。福州珠兰花茶以香气浓烈持久而著称。另外,珠兰黄山芽为珠兰花茶的珍品,外形条索紧细,锋苗挺秀,内毫显露,色泽深绿油润,花干整枝成串,一经冲泡,茶

珠兰花茶

叶徐徐沉入杯底,花如珠帘,水中悬挂,妙趣横生,细细品啜既有兰花特有的幽雅芳香,又兼高档绿茶鲜爽甘美的滋味,实为一种高尚的精神享受,尤为女士所喜爱。普通的珠兰花茶外形条索紧细匀整,色泽墨绿油润,花粒黄中透绿,香气清纯隽永,滋味鲜爽回甘,汤色淡黄透明,叶底黄绿细嫩。

◇ 玫瑰花系

我国目前生产的玫瑰花茶主要有玫瑰红茶、玫瑰绿茶、九曲红玫瑰茶等花色品种。广东、上海、福建人有嗜饮玫瑰红茶的习惯,著名的玫瑰花茶有广东玫瑰红茶、杭州九曲红玫瑰茶等。

◇ 桂花茶

桂花茶以广西桂林、湖北咸宁、四川成都、重庆等地产制的最为著名。广西桂林的挂花烘青、福建安溪的桂花乌龙、四川北碚的桂花红茶,均以桂花的馥郁芬芳衬托茶的醇厚滋味而别具一格,成为茶中珍品,深受国内外消费者青睐。

◇ 玳玳花茶

玳玳花茶在我国花茶家族中一枝新秀,由于其香高味醇的品质和玳玳花开胃通气的药理作用,深受国内消费者的欢迎,被誉为"花茶小

姐"。畅销华北、东北、江浙一带。玳玳亦称回青橙,芸香科,柑橘属,常绿灌木,枝棱细长,叶互生,革质,椭圆形,春夏开白花,香气浓郁,果实扁球形。当年冬季为橙红色,翌年夏季又变青,故称"回青橙",因有果实数代同生一树习性,亦称"公孙橘"。通常进厂的鲜花应立即摊放散热,厚度为4～6厘米,雨花则要等表面的水蒸发后才会"破头"开放,故应辅以风扇使表面的水快速蒸发。玳玳花花瓣厚实,芳香油在较高的温度条件下才容易散发,因此常加温热窨,以有利香气挥发和茶坯吸香。用手将茶花拌和后,送上烘干机加温,出烘后立即围囤窨制。玳玳花茶通常用中档茶窨制而成。

玳玳花茶

我国乌龙茶名品

◇ 安溪铁观音

安溪铁观音产于福建安溪。铁观音的制作工艺十分复杂,制成的茶叶条索紧结,色泽乌润砂绿。好的铁观音,在制作过程中因咖啡因随水分蒸发还会凝成一层白霜;冲泡后,有天然的兰花香,滋味醇浓。用小巧的功夫茶具品饮,先闻香,后尝味,顿觉满口生香,回味无穷。近年来,人们发现乌龙茶有健身美容的功效后,铁观音更加风靡日本和东南亚。

◇ 冻顶乌龙

冻顶乌龙茶,被誉为台湾茶中之圣。该茶产于台湾省南投鹿谷乡。它的鲜叶,采自台湾省南投县凤凰山支脉冻顶山一带清心乌龙品种的茶树上,故名"冻顶乌龙",冻顶为山名,乌龙为品种名。但按其发酵程度,属于轻度半发酵茶,制法则与包种茶相似,应归属于包种茶类。

茶情——第二章 名茶地图

文山包种和冻顶乌龙是姊妹茶。冻顶茶品质优异，在台湾茶市场上居于领先地位。其上选品外观色泽呈墨绿鲜艳，并带有青蛙皮般的灰白点，条索紧结弯曲，干茶具有强烈的芳香；冲泡后，汤色略呈柳橙黄色，有明显清香，近似桂花香，汤味醇厚甘润，喉韵回甘强；叶底边缘有红边，叶中部呈淡绿色。

冻顶乌龙

◇武夷岩茶

武夷岩茶

武夷岩茶产于福建武夷山。武夷山，与外山不相连接，由三十六峰、九十九岩及九曲溪所组成，自成一体。这里岩峰耸立，挺拔秀伟，群峰连绵，势如万马奔腾，堪为奇观。澄碧清澈的九曲溪，萦绕其间，折为九曲十八湾。沿溪两岸，群峰倒影，尽收碧波之中，山光水色，交相辉映，实为人间仙境。

茶树生长在岩缝之中。武夷山方圆约60平方公里，九十九名岩，岩岩有茶，茶以岩名，岩以茶显，故名岩茶。武夷产茶历史悠久，唐代已栽制茶叶，宋代列为皇家贡品，元代在武夷山九曲溪之四曲畔设立御茶园专门采制贡茶，明末清初创制了乌龙茶。武夷山栽种的茶树，品种繁

多，有大红袍、铁罗汉、白鸡冠、水金龟，"四大名枞"。此外还有以茶树生长环境命名的，如不见天、金锁匙等；以茶树形状命名的，如醉海棠、醉洞宾、钓金龟、凤尾草、玉麒麟、一枝香等；以茶树叶形命名的，如瓜子金、金钱、竹丝、金柳条、倒叶柳等；以茶树发芽早迟命名的，如迎春柳、不知春等；以成茶香型命名的，如肉桂、石乳香、白麝香等。

武夷岩茶具有绿茶之清香、红茶之甘醇，是中国乌龙茶中之极品。武夷岩茶属半发酵茶，制作方法介于绿茶与红茶之间。其主要品种有"大红袍"、"白鸡冠"、"水仙"、"乌龙"、"肉桂"等。

武夷岩茶品质独特，它未经窨花，茶汤却有浓郁的鲜花香，饮时甘馨可口，回味无穷。18世纪传入欧洲后，备受当地群众的喜爱，曾有"百病之药"美誉。武夷岩茶（习惯通称乌龙茶），是我国历代名茶中的上品，历经沧桑而不衰，迄今在国内外市场仍属佼佼者。

大红袍是武夷岩茶中品质最优异者。大红袍茶条索壮结实，色泽油润，内质香郁，味醇香甘；汤色清橙红；叶底绿叶红边。大红袍的营养价值和药用价值都很高。除了具备红绿茶的作用外，它所含的糖类及各种矿物质较多，耐冲泡，能促进人体健康。

小贴士

被蜂螫或虫咬后，把茶叶蘸湿捣烂后，敷在伤口处，有消肿、止痛、止痒的作用

◇广东乌龙茶

广东乌龙茶主要产于广东潮汕地区，其主要代表有原产于广东省潮州市凤凰山凤凰单丛（枞）茶等，其为历史名茶，始创于明代，并经单株（丛）采收制作而得名。

凤凰单丛茶品质优异，与其所独有的、丰富的品种资源紧密相关。凤凰山区濒临东海，茶区海拔上千米，自然环境有利于茶树的发育及形成茶多酚和芳香物质。

由于选用水仙品质茶树鲜叶优次和制作精细程度不同，广东乌龙茶按品质依次

凤凰单丛茶

分为凤凰单丛、凤凰浪菜、凤凰水仙三个品级。单丛因茶香、滋味差异，人们习惯将单丛茶按茶香型分为黄枝香单丛茶、芝兰香单丛茶、桃仁香单丛茶、玉桂香单丛茶、通天香单丛茶等多种。

凤凰单丛茶品质极佳，素有形美、色翠、香郁、味甘四绝。其外形挺直、肥硕、油润；且幽雅清高的自然花香，浓郁、甘醇、爽口、回甘的风味，橙黄、清澈、明亮的汤色，青蒂、绿腹、红镶边的叶底，极耐泡的底力，构成了凤凰单丛特有的色、香、味内质特点。

◇水仙茶

水仙茶主要分为武夷水仙和闽北水仙两种。

武夷水仙条索肥壮紧结，叶端褶皱扭曲，如蜻蜓头，不带梗，不断碎，色泽油润，香气浓郁清长，岩韵显，味醇厚，具有爽口回甘的特征；叶底呈绿叶红镶边；汤色浓艳清澈，呈橙黄色。

闽北水仙条索壮结重实，叶端扭曲，色泽油润，香气浓郁带有兰花清香，滋味醇厚鲜爽有回甘味，汤色清澈，呈橙红，叶底红边鲜艳。

◇闽北乌龙茶

武夷山除武夷水仙和素有"岩茶王"之称的大红袍外，还有肉桂、

铁罗汉、半天腰、白鸡冠、索心兰、水金龟、白瑞香、奇种、老丛水仙等多个珍贵品种，其香气、汤色、滋味无不各具风韵，世界名山武夷山也因此成为"茶树品种王国"。

我国紧压茶名品

◇云南普洱茶

普洱茶产于云南省思茅、西双版纳、昆明、宜良等地区的条形黑茶，因原产于云南普洱府而得名。

普洱茶是在云南大叶茶基础上培育出的一个新茶种，亦称"滇青茶"，距今已有1700多年的历史。它是用攸乐、萍登、倚帮等11个县的茶叶，在普洱县加工。

云南普洱茶

普洱茶的产区，气候温暖，雨量充足，湿度较大，土层深厚，有机质含量丰富。茶树分为乔木或乔木形态的高大茶树，芽叶极其肥壮而茸毫茂密，具有良好的持嫩性，芽叶品质优异。采摘期从3月开始，可以连续采至11月。在生产习惯上，划分为春、夏、秋茶三期。春茶又分春尖、春中、春尾三个等级；夏茶又称二水；秋茶称为谷花。

普洱的形态特性是常绿乔木，高

七彩云南普洱茶

5～20米,主干直径可达1米以上;幼枝和幼叶被细柔毛。叶革质,椭圆形或倒卵状长圆形,长4～12厘米,宽1.8～4.5厘米,先端钝尖,有时急尖,基部楔形,边缘具锯齿,两面光滑无毛;叶柄长3～7毫米。花单生或组成腋生聚伞花序,白色,直径2.5～3.5厘米,有香气,花梗长6～10毫米,下弯;萼片5～6厘米,圆形,果时宿存;花瓣7～8(或9)厘米,宽倒卵形或圆形;雄蕊多数,外轮花丝合生成短管;子房3室,外面被毛,花柱顶端3裂。蒴果圆球形或扁球形,直径约25厘米,果皮革质;种子1或2个,近球形,微有棱角,直径约1.5～1.8厘米,淡褐色。

茶水

普洱茶中以春尖和谷花品质最佳。以其鲜叶为原料,经特殊工艺制作而成的普洱茶,香味浓郁,耐泡,汤黄明亮,香气清幽,滋味醇浓。采茶的标准为二三叶。其制作方法为亚发酵青茶制法,经杀青、初揉、初堆发酵、复揉、再堆发酵、初揉、再揉、烘干八道工序。其品种有散茶及以散茶加工成型的沱茶、方茶等紧茶。散茶外形肥大、紧直、完整,色泽黑褐或褐红,汤色红浓明亮,滋味醇和回甜,具有特殊的陈香气,耐贮藏,以越陈越香著称,适于烹用泡饮。普洱茶具有明显的药疗效果,醒酒第一,消食化痰,清胃生津。

在古代,普洱茶是作为药用的。其品质特点是:香气高锐持久,带有云南大叶茶种特有的独特香型,滋味浓强富于刺激性;耐泡,经五六次冲泡仍持有香味,汤橙黄浓厚,芽壮叶厚,叶黄绿间有红斑红茎叶,条形粗壮结实,白毫密布。

普洱以陈为贵,有点跟酒类似,越陈越贵。它产自云南,通过茶马古道辐射到国内外,马帮将茶叶蒸后压紧在竹篓内,用竹笋叶打包,在漫长的运输过程中茶叶缓慢地冷发酵,形成了云南特有的大叶种后发酵普洱茶。普洱茶经过了一定时间的贮藏,才有甘、滑、醇、柔、稠的口

味,汤色鲜红发黑,醇厚的滋味在十余泡之后还能品到,不伤胃,可以从早喝到晚。

近年,一种将柚子皮晒干后制成的普洱茶储藏罐在市场中出现。据介绍,这种储茶罐是将柚子瓤小心取出后留下完整的柚皮,经晒干后装入普洱茶的。这种储藏方式不仅通风好,隔绝外界气味的污染,而且会使其中的普洱茶熏染上怡人的柚香。

◇云南沱茶

云南沱茶是紧压茶中最好的一种,是以晒青毛茶做原料加工而成的。品质特点:沱茶为碗臼形,色泽暗绿露毫,香气清正,滋味浓厚甘和,汤色黄明,叶底嫩匀。

◇湖南茯砖茶

湖南茯砖茶

茯砖茶是西北边疆各族群众不可缺少的饮品。它具有外形齐整如砖,金花普茂,色泽黑褐,汤色红浓,味道醇厚,香气持久等特点。特别的是茯砖茶中呈金黄色颗粒的冠突曲霉(俗称"金花")。经中外科学家们分析鉴定,其具有极强的分解油腻、消食、调节人体脂肪代谢的功能,尤其适合饮食结构中以奶肉类为主食的人们饮用。

茯砖茶约在1860年前后问世。茯砖早期称"湖茶";因在伏天加工,故又称"伏茶";因原料送到泾阳筑制,又称"泾阳砖";现在茯砖茶集中在湖南益阳和临湘两个茶厂加工压制,年产量约2万吨,产品名称改为湖南益阳茯砖。茯砖茶分特制和普通两个品种,特制茯砖

小贴士

用烤箱或微波炉做菜，是相当省时方便的做法。不过，若烤完腥味较重的鱼、肉之后，再用来加热其他食品，常常使其他食品夹杂异味，影响口感。此时，只要在烤盘、托盘上放一小撮茶叶，加热1分钟左右，便能消除烤箱或微波炉中残留的气味，使接下来的料理美味可口。

面色泽黑褐，内质香气纯正，滋味醇厚，汤色红黄明亮，叶底黑褐尚匀；普通茯砖砖面色泽黄褐，内质香气纯正，滋味醇和尚浓，汤色红黄尚明，叶底黑褐粗老。形状为长方砖形，规格为长35厘米，宽18.5厘米，高5厘米，每块重2千克（目前也有重量为1千克公斤的小号茯砖销售）。茯砖茶在泡饮时，要求汤红不浊，香清不粗，味厚不涩，口劲强，耐冲泡，干茶有黄花清香。特别要求砖内金黄色菌颗粒大。

◇ 湖北青砖茶

青砖茶产于湖北咸宁，又名洞茶。青砖茶加工要复杂一些，因为它分为"面茶"和"里茶"，好茶为面茶，次茶为里茶，这样加工出来的青砖茶表面平整光滑。一二级老青茶为面茶，长方砖形，规格为长34厘米，宽17厘米，高4厘米，块重2千克。色泽青褐，香气纯正，滋味浓厚，汤色红黄明亮，叶底暗褐粗老。茶中含梗25%，灰分75%。该茶饮用时需破碎茶砖，放进特制的水壶中加水煎煮。茶汁浓香可口，具有清心提神，生津止渴，暖人御寒，化滞利胃，杀菌收敛，治疗腹泻等多种功效。陈砖茶效果更好。

◇ 黑砖茶

黑砖茶原产于湖南安化白沙漠，1939年前后开始生产。因砖面压有"湖南省砖茶厂压制"八个字，又称"八字砖"。因砖面用凸字字模，

兰州市场称黑砖为"鼓字名牌安化黑砖"。现在年产量约5000吨,主销甘肃、宁夏、青海、新疆等省区,以兰州为集散地。

黑砖茶的外形为长方砖形,规格为长35厘米,宽15厘米,高5厘米,每块砖净重2千克。砖面端正,四角平整,模纹(商标字样)清晰。砖面色泽黑褐,内质香气纯正,滋味浓厚微涩,汤色红黄微暗,叶底老嫩尚匀。

黑砖茶

◇康砖茶

康砖茶产于四川雅安,为每块0.5千克重的砖形紧压茶。该茶外形色泽棕褐,香气平和,滋味醇和,水色红亮,叶底暗褐粗老。康砖茶主销川西和西藏,以康定、拉萨为中心,并转销西藏边远地区。

◇花砖茶

花砖茶产于湖南安化,压制时把差的茶叶压在里面,较好的茶叶压在外面,每块花砖净重2千克。该茶正面有花纹,砖面色泽黑褐,内质香气纯正,滋味浓厚微涩,汤色红黄,叶底老嫩匀称。该茶销售以太原为中心,并转销晋东北及内蒙古自治区等地。

◇米砖茶

米砖茶产于湖北省赵李桥茶厂,是以红茶的片末为原料蒸压而成的一种红砖茶。其面茶及里茶均用茶末,故称米砖。该茶色泽乌润,砖形四角平整,表面光滑,内质香味醇和,汤色深红,叶底匀色红暗。砖面压有"中茶"字样和"火车头"的标记,重量为1千克。

第二章

茶叶鉴别

◇茶的外形特性

江山绿牡丹

千姿百态、丰富多彩的茶叶形状，构成了一个形态美的大千世界，或似花，或似茅，或似碗钉，或似针，或似珠，或似眉，或似片，或似螺，或似碗，或似饼，或似方……这精美的不同艺术造型，让品茶者产生了丰富的艺术联想，培养了审美情趣。

（1）花朵形茶。如浙江江山绿牡丹条直似花瓣，形态自然，犹如牡丹，白毫显露，色泽翠绿诱人。小兰花茶芽叶相连，叶片卷曲，芽有白毫，犹如含苞待放的兰花。

（2）矛形茶。毛尖和毛峰类茶叶，形似枪矛，白毫显露，熠熠生辉。

（3）针形茶。两端略尖呈针状，有些肥壮重实如钢针，如白茶中的白毫银针、黄茶中的君山银针、绿茶中的蒙顶石花等；有些则苗条秀紧如松针，如安化松针等。

（4）扁形茶。以西湖龙井最具代表性，形似碗钉，扁平光滑、尖削挺直，能给人以质朴、端庄的美感。

（5）珠形茶。以珠茶为代表，滚圆细紧沉凝，状似珍珠，给人以浑圆壮实的美感。

（6）眉形茶。以珍眉为代表，形态纤细微弯，宛如少女的娥眉，给人以柔美之感。

（7）片形茶。又分整片型和碎片型两种：整片型如六安瓜片，叶缘略向叶背翻卷，状似瓜子；碎片型茶有秀眉、三角片等。

（8）方形茶。茯砖和康砖等砖茶，线条笔直，明快大方，给人以平稳安定的美感。

（9）尖形茶。如太平猴魁，两叶抱芽，自然伸长，两端略尖，魁伟匀整，挺直有锋，给人以英武壮美之感。

（10）饼形茶。外形圆整、洒面均匀显毫，色泽黑褐油润，散发出特殊的陈香味，给人以憨厚之美感。

沱茶

（11）碗形茶。以沱茶为代表，从面上看，状似圆面色；从底看，似厚碗，中间下凹，外观显毫，颇具特色。

（12）螺形茶。以碧螺春为代表，条型纤细，卷曲如螺，色泽碧绿，外披白毫，正是"铜丝条、螺旋形、浑身毛，花香果味，鲜爽生津"，给人以轻快、柔美之感。

◇茶的温凉特性

从中医的角度看，通常说来茶的药性属微寒，偏于平、凉，但相对来说红茶性偏温，对胃的刺激性小，绿茶性偏凉，对肠胃的刺激性较大；从另一个角度看，刚炒制出来的新茶，不管是绿茶还是红茶，均有较强的热性，多饮使人上火，但这种热性只是短暂存在，通常放置数周后就会消失；相反，陈茶则性趋寒，通常是越陈越寒。

◇不同茶的化学成分含量

从现代科技角度看，不同的茶叶含有不同的机能成分含量，如绿茶富含各种儿茶素，而红茶中儿茶素大多已被氧化成茶黄素、茶红素等氧化缩合产物，乌龙茶的情况则处于红茶和绿茶之间。较粗老的砖茶含有较多的茶多糖，这对糖尿病治疗有益，但它同时含有太多的氟，饮用时需考虑如何减少氟的摄入量。普洱茶含有一些由微生物转化而来的

人参乌龙茶

特殊成分,药性偏凉,但对肠胃的刺激性小。不同茶叶的咖啡因含量也会有很大差异,甚至还有脱咖啡因的茶产品,而不同人群、不同饮茶时间对咖啡因的敏感性不同,因此,咖啡因是合理饮茶需要考虑的重要因素之一。

茶叶审评方法

小贴士

做菜时若双手粘上鱼腥味,往往很难洗净去除,这时,可以在热锅上放点茶叶,等它冒烟时把手放在烟上熏,便可消除手上的腥味。

茶叶感官审评,是根据茶叶的形、质特性对感官的作用,来分辨茶叶品质的高低。审评时,先进行干茶审评,然后再开汤审评。审评有八因子法与五因子法两种。八因子法是指干茶审评时看外形的整碎、条索、色泽、净度四个因子,与标准样相对照,初步确定茶叶品质的好坏;开汤后审评看内质,即看汤色、香气、滋味、叶底四个因子,与标准样对照,决定茶叶品质的高低;最后综合外形、内质的八个因子的评分和评语,最终确定茶叶的品质好坏。五因子法是把审评外表的四个因子归为"外形"一个因子。目前,国家标准通常使用八因子法。

茶叶类别不同,审评时各因子的侧重点也不相同,例如,名优绿茶类,因其外形规格比较均匀一致,整碎和净度都较好,外形审评时只评比形状和色泽因子。因为茶叶是一种饮料,在审评时大部分茶类都比较注重香气、滋味两因子,在八大因子中,香气和滋味所占的比重往往是最高的。

茶叶审评程序

在审评时要先取样,通常是将毛茶250~500克或精制茶200~250克,放于专用的茶样盘内,评定茶叶的大小、粗细、轻重、长短,以及其中碎片、末茶所占比例,然后均匀取样。红茶、绿茶的成品茶通常取3克,乌龙茶取5克,放入审评杯内,用沸水冲泡,即开汤。3克红茶、绿茶冲150毫升沸水,泡5分钟;5克乌龙茶冲110毫升沸水,泡2~4次,每次2~5分钟。开汤后应先嗅香气,快看汤色,再尝滋味,最后评叶底,审评绿茶有时应先看汤色。

茶叶审评项目

确定茶叶品质的高低,通常要干评外形,开汤评内质,对以下的项目逐一评比,并按照评茶术语写出评语。

◇外形指标

1. 整碎

整碎主要看干茶的外观形状是否匀整。通常从优到差分为匀整、较匀整、尚匀整、匀齐、尚匀等不同的级差。

2. 条索

条索是各类茶所具有的一定的外形规格,是区别商品茶种类和等级的依据。例如,长炒青呈条形、圆炒青呈珠形、龙井呈扁形,其他不同种类的茶都有其一定的外形特点。通常长条形茶评比松紧、弯直、壮

瘦、圆扁、轻重，以条索紧结、圆直、肥壮、重实的为好；圆形茶评比松紧、匀正、轻重、空实，以圆紧、匀齐、重实、紧实的为好；扁形茶评比平整光滑程度，通常要求扁平、挺直、光滑。

3. 色泽

干茶色泽主要从色度和光泽度两方面去看。色度是指茶叶的颜色及色的深浅程度；光泽度是指茶叶接受外来光线后，一部分光线被吸收，一部分光线被反射出来，形成茶叶色面的亮暗程度。各种茶叶均有其一定的色泽要求，例如：红茶以乌黑油润为好，黑褐、红褐次之，棕红更次；绿茶以翠绿、深绿并光润的好，绿中带黄者次；乌龙茶则以青褐光润的好，黄绿、枯暗者次；黑毛茶以油黑色为好，黄绿色或铁板色都差。干茶的色度比颜色的深浅，光泽度可从润枯、鲜暗、匀杂等方面去评比，以润、鲜、匀为好。

4. 净度

净度是指茶叶中含有杂物的多少。优质茶叶应不含任何夹杂物。

◇ 内质指标

1. 香气

黑毛茶

香气是茶叶开汤后随水蒸气挥发出来的气味。茶叶的香气受茶树品种、产地、季节、采制方法等因素影响，使得各类茶具有独特的香气风格，如红茶的甜香、绿茶的清香、乌龙茶的花果香、白茶的毫香等。即便是同一类茶，也有地域性香气特点。审评香气除了辨别香型之外，还要比较香气的纯异、高低、

长短。香气的纯异是指所闻到的香气与该品种茶叶应具有的香气是否一致,是否夹杂了异味;香气的高低可用浓、鲜、清、纯、平、粗来区分;香气长短即香气的持久性,从热嗅到冷嗅都能嗅到香气表明香气长,反之则短。好茶的香气纯高持久,有烟、焦、酸、馊、霉、异等气味的是劣变茶。

2.汤色

汤色是指茶叶中的各种色素溶解于沸水而反映出来的茶汤色泽。汤色在审评过程中变化较快,为了避免色泽的变化,审评过程中要先看汤色或闻香与观色结合进行。审评汤色主要应看色度、亮度、清浊度等三个方面。色度是指茶汤颜色。各类茶都有其特有的汤色,评比时,主要从正常色、劣变色和陈变色三方面去看。亮度是指茶汤的亮暗程度,好茶汤的亮度高。清浊度是指茶汤清澈或混浊程度,汤色纯净透明,无混杂,清澈见底是优质茶汤的表现。

竹叶青

3.滋味

滋味是评茶人对茶汤的口感反应。审评时首先要区别滋味是否纯正。纯正是指正常的茶应有的滋味,纯正的滋味可区别其浓淡、强弱、鲜爽、醇和;不纯正的滋味可区分为苦、涩、粗、异(酸、馊、霉、焦)等味。好茶的滋味应浓而鲜爽、刺激性强或富有收敛性。

4.叶底

叶底是指冲泡后充分舒展开的茶渣。审评叶底主要靠评茶人的视觉和触觉,看叶底的嫩度、色泽和匀度。通常而言,好的茶叶叶底应是嫩芽比例大、质地柔软,色泽明亮、不花杂,叶形较均匀,叶片肥厚。

第四章

饮茶新趋势

茶饮料的出现

茶水

茶饮料是以茶叶的水提取液或其浓缩液、速溶茶粉为原料，经加工、调配（或不调配）等工序制成的饮料。中国是茶的原产地之一，茶叶资源十分丰富，茶饮料和茶一样，富含多种对人体有益的物质，在健康生活理念的推动下，被越来越追求生活质量的消费者所接受。

近年来，茶饮料工业发展迅速，是继碳酸饮料、瓶装水、果汁饮料之后迅速发展起来的又一饮料新品种。

广义上讲，一切以茶为原料所形成的饮料，均应称为茶饮料。然而，目前茶叶界常将以茶叶为原料，经过提取、过滤、调配、灭菌、灌装等工序加工而形成的液体茶饮料（也称茶水饮料），通俗地称茶饮料。它是茶叶的深加工产品形式，并且可形成金属罐装、塑瓶装和利乐包装等多种包装形式的茶饮料产品，特点是能拉开即饮，属新潮方便型茶叶饮料。同时，社会上常把以茶为原料，经提取、过滤、浓缩、灭菌等工序而形成的产品茶浓缩汁或再将茶浓缩汁干燥而形成的速溶茶，也划作茶饮料的范围内。

这些茶饮料产品的特点是呈浓缩汁或粉剂状态，可方便地应用到医药或食品添加剂领域中去，并且茶浓缩汁和速溶茶可以非常容易地用水甚至冷水调制成茶饮料。茶饮料或茶制品的茶浓缩汁和速溶茶，以其方便、健康、形式新颖的特点为广大消费者所喜爱，是当前茶叶产品开发和茶叶产业发展的重点方向。"天然、健康、回归自然"已成为越来

多消费者的消费潮流。而茶饮料之所以"火"起来正是满足了消费者的这种需求，茶饮料的消费方式符合了现代生活方式的要求。

茶饮料的特点可以归纳为"三低"：低热量、低脂肪、低糖，具有天然、健康、解渴、提神的特性，比碳酸饮料更爽口、更解渴，比水饮料更怡人有味，清香淡雅、回味无穷，富含保健成分，并且具有营养、保健疗效及消暑解渴的功用。

◇茶饮料的分类

茶饮料按其原辅料不同分为茶汤饮料和调味茶饮料，茶汤饮料又分为浓茶型和淡茶型，调味茶饮料还可分为果味茶饮料、果汁茶饮料、碳酸茶饮料、奶味茶饮料及其他茶饮料；按原料茶叶的类型又可分为红茶饮料、乌龙茶饮料、绿茶饮料和花茶饮料。

茶饮料通常可分为以下五类：

（1）茶汤饮料。将茶汤（或浓缩液）直接灌装到容器中的制品。

（2）果汁茶饮料。在茶汤中加入水、原果汁（或浓缩果汁）、糖液、酸味剂等调制而成的制品，成品中原果汁含量不低于50克/升。

（3）果味茶饮料。在茶汤中加入水、食用香精、糖、酸味剂等调制出的制品。

（4）碳酸茶饮料。在茶汤中加入水、糖等经调味后，充入二氧化碳的茶饮料。

（5）奶味茶饮料。在茶汤中加入水、鲜乳或乳制品、糖等调制而成的茶饮料。

◇茶饮料的发展

茶饮料最早研制开发的是速溶茶。速溶茶的研制始于20世纪50年代的美国，初期的加工设备、技术大多沿用速溶咖啡的，其后不断在设

茶饮料

备、技术上加以改进。20世纪60年代，在速溶茶工业迅速发展的基础上，出现了冰茶制造业。20世纪80年代初，日本首先成功开发出罐装茶水饮料。随后，相继出现了纯茶饮料和保健茶饮料。

茶饮料是20世纪90年代欧美国家发展最快的饮料，被视为新时代饮料。在中国台湾地区和日本，茶饮料已超过碳酸饮料成为市场第一大饮料品种。台湾地区95％的饮料企业都生产茶饮料。近几年在国际市场上，茶饮料以年增长17％的速度发展。日本有200种茶饮料，全年消费达360万吨；美国茶饮料也达到20亿美元的销售额。中国大陆的茶饮料最早出现在1995年。一项调查表明，最近几年中国大陆茶饮料市场发展速度超过300％，茶饮料已经成为仅次于水、碳酸饮料的第三大饮品，涨势迅猛。

随后，一些大型食品企业纷纷参与茶饮料的开发与生产，如三得利、顶新、统一、联合利华、娃哈哈、健力宝、乐百氏、椰树、汇源等，这些有实力的企业使得茶饮料异常火暴。许多专家学者预测，茶饮料将成为21世纪的饮料之王。

◇ 速溶茶

速溶茶开始于20世纪40年代，是近年来国际市场上较为盛行的茶叶新品种。

速溶茶，又称可溶茶、结晶茶。顾名思义，它是一种结晶状、可以完全而且较快地溶解于水（无渣）的茶饮新剂型。速溶茶是一种比较新型的茶叶饮料，冲泡方便，冷热随斟，可以调料，保持茶味。速溶茶是采用新鲜的芽叶或成品茶做原料，通过萃取——浓缩——干燥精制而成的。速溶茶加工科学，工艺讲究，制成品基本上保持了茶叶的天然风

味。由于工艺方法不一样，速溶茶的形状有片状的、粉末状的和颗粒状的。从溶解度来看，以颗粒状为佳。由于采用的是不同产地或不同茶类及茶树品种的原料，所以速溶茶的颜色也不一样。速溶红茶是浅褐色的，速溶绿茶为浅黄色的。速溶茶的包装有两种，一种为铝箔薄膜包袋，大多为杯泡茶，一袋一杯；另一种为瓶装茶，

速溶茶

大多为50克或85克装，两者的装潢都很漂亮。不论哪一种剂型的速溶茶，都有强烈的吸湿性，应该随购随用，不宜久藏。

速溶茶饮用方便。饮用时只要用一小匙速溶茶粉倒入杯中（使用量随饮用者对茶的浓度要求而增减），用温开水或冷水兑入，一瞬间就变成了一杯茶香扑鼻、色泽悦目、滋味鲜醇的香茶。速溶茶还可加调料，以迎合各国人民的消费习惯。如果放入冰块，就成了西方国家流行的冰茶，既消暑，又解渴。在速溶茶中，加入柠檬，就成为柠檬速溶茶，加入丁香就成为丁香速溶茶。

产品形式为粉状，是速溶茶的最大特点。虽然速溶茶在干燥过程中，会使茶叶风味受到部分损害，但若选用最优的加工工艺，速溶茶同样可较好地保留茶叶的滋味和香气风格，因为粉状茶比茶浓缩汁更方便携带，并且更方便于家庭和旅游场合用热水或冷水冲泡成茶水饮用，因此成为当前国内外较流行的一种方便卫生型产品形式。速溶茶的品质稳定，易控

小贴士

茶有丰富的色素，尤其红茶的红褐色色素，用途更为广泛。调酒可以用它，制作食品也可以用它。如果在厨房准备一些红茶浓汁，用作菜肴的调料，比一般化学色素好得多。

制，把它作为茶饮料厂的加工原料，同样有利于茶饮料的品质稳定和品质控制，同时也使茶饮料厂省去茶汤提取及前处理工序。目前，国内已有大型茶饮料企业，选择速溶茶为原料加工含茶饮料，其技术已较成熟，有效地保证了茶饮料产品的品质，取得了良好的经济效益。

速溶茶有茶味，可溶，无渣，速溶，卫生，便于包装、贮藏与运输、携带，便于调味，便于冷饮，故在航空、旅游、行军、野外工作等条件下，尤其具有优越性。

速溶茶的品种也很多。目前，除了纯速溶红茶、纯速溶绿茶以外，还有用速溶茶、果汁、香料、糖等配制的各种调味速溶茶。按其溶解的性能，又可分为热溶与冷溶两大类。当然，冷溶的工艺要求较高，热溶则较接近于通常的饮茶。目前世界速溶茶产品中，以英国立顿牌速溶茶的溶解性为最好，据说可直接溶解于冰水中，可见工艺之精。冷溶以至于冰水溶，当然是作为冷饮的，似较通常的凉茶要更胜一筹。

速溶茶既是一种高级饮料，又是一种中间体，可以作为其他茶制品的原料，因而大有发展前途。速溶茶近几年来发展很快，如印度、斯里兰卡、肯尼亚、乌干达等国均制造速溶茶，甚至一些不产茶的国家，如美国、英国、德国、瑞典、加拿大等，也自行制造速溶茶。据估计，速溶茶占茶贸易总量的30%。不论是产量，还是用量，都是美国第一。我国生产的纯速溶茶及调味速溶茶——柠檬茶，已在美国、法国、比利时等地销售，颇受欢迎，国内市场也有供应，特别是港澳地区。

我国的速溶茶，于20世纪70年代末和80年代初在上海、长沙、杭州进行试验和生产，先后研制了真空冷冻干燥和喷雾干燥的产品。中国农业科学院茶叶研究所采用各种原料试制速溶茶，从产品品质及经济效益方面进行比较，认为利用茶叶副产品制

速溶茶

造速溶茶的方法，是可以推广的。我国速溶茶的主要品种有速溶红茶、速溶绿茶、速溶乌龙茶、速溶保健茶等。代表产品为福建龙马集团的绿源牌速溶茶，其他热溶的如上海的新芽牌，冷溶的如湖南的芙蓉牌，均较知名。

◇ 袋泡茶

柠檬茶

袋泡茶问世已历经一个世纪，它最早流行于欧美，后遍及全世界。由于其具有清洁卫生和便于冲泡携带等优点，受到旅游业、餐饮业、办公室一族和广大消费者的欢迎。

最早的袋泡茶是手工制作的。当时用薄纱布把茶叶扎成小球，放在杯子里冲泡饮用，既无系线，也没有挂到杯外的标签牌，这种球状袋泡茶被称为茶球或茶包。然而，即使是如此原始、简陋的袋泡茶在当时也是一种高档消费品，价格昂贵，成为只供上流社会享受的奢侈品。到第一次世界大战结束不久，人们发现如果将这种用布扎成的小球茶的价格降低到通常人们所能购买的水平，其销售量将大为增加。于是，茶叶包装商开展着手研制包装这种茶的机器。

1920年，美国气动衡器公司首先研制成功全自动袋泡茶包装机。这种包装机每分钟可包30～35袋。包装机械的诞生降低了生产成本，使袋泡茶售价大幅度下降，反过来又刺激了消费量的

袋泡茶

增加。为满足日益增长的市场需求,气动衡器公司又研制出另一种称为"赖特"的茶叶包装机,其包装速度每分钟达到80袋。由于这种包装机包装速度快,包装成本低,很快就取代了原来的球状茶包装机。这样,茶球就演变成袋泡茶。

我国袋泡茶生产起步较晚,20世纪60年代开始引进袋泡茶包装机和滤纸,生产的袋泡茶主要供出口。以后袋泡茶滤纸和包装机逐步实现国产化,袋泡茶生产有了较大发展。特别是近年来,随着人民生活水平提高,生活节奏加快,袋泡茶生产迎来了蓬勃发展的局面。

1.袋泡茶分类

通常一包袋泡茶的基本组成部分为外封套、内包装茶袋、内含物、系线和标牌,不同袋泡茶的区别主要在于内含物的差异。随着生产水平的提高,为了满足多种需求,内含物的种类不断增加。目前,国内外的袋泡茶大致可分为以下四大类:

(1)纯茶型袋泡茶。纯茶型袋泡茶的包装内含物为纯茶,根据茶类不同,有红茶、绿茶、乌龙茶、紧压茶(如普洱茶、沱茶)、花茶等。

(2)果味型袋泡茶。由茶与各种营养干果或果汁或果味香料混合而成。这种袋泡茶具有干鲜果的香味和一定的营养价值。如柠檬红茶、枣茶、乌龙戏珠茶等。

(3)香味型袋泡茶。在茶叶中添加各种天然香料或人工合成

袋泡茶

香精，如茉莉、玫瑰、米兰、香兰素等香料或香精。

（4）保健型袋泡茶。是由茶叶与某些具有药效作用的中草药按一定比例配制而成的袋泡茶，如市场出售的杜仲茶、金银花茶，当然也有仅用中草药原料而不加入茶叶加工成的袋泡茶。

另外，袋泡茶按所包装的茶叶原料状态不同，又可分成碎茶型袋泡茶和条形茶型袋泡茶。前者为使用碎茶原料如碎红茶、颗粒绿茶或条茶经切碎而形成的碎茶所包装的袋泡茶，我国目前生产的袋泡茶均为这种形式。后者则是使用条茶直接包装的袋泡茶，近两年才出现，世界上只有少数外国企业生产。

2.袋泡茶的特点

袋泡茶相比传统的散装茶有以下几个特点：

一是定量。袋泡茶都是定量包装，通常来说，一包为一次冲泡的量。

二是卫生。袋泡茶是将茶叶用滤纸包装，外面再套外封袋和装盒，

茶水

而且每包袋泡茶都留有提线,方便用手提拉,饮用完后杯内不会留下茶叶残渣,非常干净卫生。

三是快速。袋泡茶通常采用碎茶进行包装生产,茶叶颗粒小,细胞破碎率大,茶叶中的有效成分和水浸出物很快就能浸出,有利于快节奏的生活。

四是方便。袋泡茶堪称"四便茶"——携带方便,冲泡方便,饮用方便,清洁方便。

因此,袋泡茶是一种设计合理的新型茶类,与传统散茶相比优势明显。

代用茶

在日常生活中,还经常见到一些"非茶之茶",它们并非用茶树叶子制作而成,但可以像"茶"一样饮用。对这些"非茶之茶",人们通常将其称为代用茶。

◇代用茶的类型

中国代用茶种类十分丰富,来源广泛,有不同的分类方法。现介绍两种主要分类。

1.按植物性状分类

代用茶按植物性状进行分类,

羊奶是一种营养价值高,又容易被吸收的好食品,但人人都怕它那股膻味。如果在煮羊奶时加入一小撮茉莉花茶,奶煮开后,再滤去茶渣,羊奶的膻味就会大减。

主要可分为乔木型代用茶、灌木型代用茶、藤本型代用茶、草本型代用茶等类型。乔木型代用茶主要有银杏茶、杜仲茶、苦丁茶、老鹰茶等；灌木型代用茶有掌叶悬钩子甜茶、钩藤茶等；藤本型特种茶有绞股蓝茶、金银花茶、决明子、藤茶等；草本型代用茶有车前草、甘草、马齿苋等。

2.按利用部位分类

按利用不同部位加工而成的代用茶，可以分为叶茎型代用茶、叶型代用茶、花型代用茶等类型。叶茎型代用茶是将植物的叶和茎一同加工而成的代用茶，如绞股蓝茶、藤茶；叶型代用茶是仅利用植物

银杏叶

的叶子加工而成的代用茶，这一类在代用茶中所占的比例较大，如苦丁茶、甜茶；花型代用茶是采摘植物的花制成的代用茶，如金银花茶、桂花茶；虫茶是昆虫食用植物后的排泄物，是一种非常特殊的代用茶。

◇代用茶举例

1.绞股蓝茶

绞股蓝又名七叶胆，为葫芦科绞股蓝属植物。它在世界上已被鉴别的有13种之多，中国有11种。国内外的研究一致表明，绞股蓝具有抑

绞股蓝茶

制肿瘤细胞繁殖、抗疲劳、保肝、抗胃溃疡、调节脂质代谢等药理作用。在民间，将绞股蓝用于治疗咳嗽、痰喘、慢性气管炎、传染性肝炎等疾病。

绞股蓝在每年5～8月这段时间内是收割期，将茎叶一起割下后，如有带泥土的，应洗净晾干，再用铡刀切成5厘米左右段状茎叶，按制烘青绿茶方法加工，经杀青、揉捻、解块、烘干或炒干，即成为绞股蓝茶的初制品，再精制整形，包制成袋泡茶形式。

绞股蓝茶，带有芬芳的清香，滋味和淡微苦，回味甘醇，汤色淡黄清澈。它素有"南方人参"之称，故有的产名为"南参茶"。据有关资料报道，绞股蓝茶确实具有滋补、安神的作用，对某些慢性病有辅助疗效，常服用无副作用，也不会成瘾，是值得推荐的保健饮料。

2.决明子

决明子为豆种植物决明或小决明的干燥成熟种子，又名草决明、还瞳子、千里光、羊角豆等。性味甘、苦、咸、微寒。功效清热明目、益肾补精、润肠通便。

用决明子泡茶常服是我国传统的养生方法之一。其主要功能是清肝明目。主治目赤肿痛、头痛、视物模糊、大便燥结等症。《神农本草经》载："治青盲、目淫、肤赤、眼赤痛、泪出，久服益精气。"据现代药理研究表明：决明子含决明子素、大黄酚等物质，对视神经有保护作用，对白内障、青光眼、眼结膜炎有治疗作用，并能降低血压、抑制

葡萄球菌生长，还有收缩子宫和降低胆固醇的作用。

决明子在各中药店均有销售，购回拣净，用微火炒，听微微爆响，炒至嫩黄色为止，装瓶待用。每次沏茶时，取20克用白开水浸约20分钟。水色渐渐变深似琥珀色，即可代茶饮用，对肝火亢盛型高血压、高脂血症、便秘患者尤为适宜。

中老年人常饮决明茶，不仅齿颊留香，而且颇感神清目爽。

决明子

3.金银花

金银花又名"忍冬花"。金银花的品种较多，常见的有红金银花、黄脉金银花和白金银花等，其中香气以白金银花最佳。金银花的采摘期通常在每年的5～7月，鲜花采回后应及时拣去杂叶、梗、蒂，如是雨水花应除去表面水，及时付窨。

金银花茶外形条索紧细匀直，色泽灰绿光润，花性寒，味甘。功能清热解毒，主治温病发热、斑疹、咽痛、热毒下痢、痈肿疮疡等症。茎性能相同，多用于痈疮肿毒及热痹等。花、叶蒸馏成露，可作饮料，能解暑清热。花、叶均含黄酮类及绿原酸等成分。

金银花10克，用开水冲泡代茶饮服，有散风清热、利咽消肿之功效；凡上焦风热诸症，无名肿毒初起等，饮之均有效。冲泡后香气清纯隽永，汤色黄绿明亮，叶底嫩匀柔软，滋味醇厚甘爽。

金银花

4.玫瑰花茶

玫瑰为蔷薇科落叶灌木，茎密生锐刺。夏季开花，花单生，紫红色至白色，芳香。由花提制的芳香油，为高级香料。花及根入药，有理气活血、收敛作用。

玫瑰花性味甘温微苦。《本草正义》载："玫瑰花，香气最浓，清而不浊，和而不猛，柔肝醒胃，流气活血，宣通窒滞。"玫瑰花芳香理气畅中，故能用于胃痛、胸闷、嗳气等症。如无玫瑰花，则可用玳玳花、茉莉花替代。

玫瑰花茶制作简易。先将玫瑰花洗净阴干备用，每次用3～5克，沸水冲泡，代茶饮用。其具有理气活血，舒肝解郁的功效。适用于肝胃失和所致之胃痛、胸闷、嗳气、月经不调等症。

5. 苦丁茶

苦丁茶又名皋卢、瓜卢、大叶冬青,是一种纯天然绿色饮品,至今已有两千多年的历史。有记载,苦丁茶作为贡品曾经供元、明、清三朝皇家享用。

苦丁茶

苦丁茶的制作工艺流程通常分为杀青、揉搓、理条、定型、烘干等多道工序,其制作方法与炒青、晒青绿茶或青茶的做法相似。用嫩芽叶制成的苦丁茶,外形粗壮、卷曲、无茸毛。苦丁茶冲泡后汤色微黄淡绿,晶莹透亮,叶底呈靛青色、无茸毛,叶片大且厚,叶梗粗壮。入口先苦后甘,回味浓郁清爽。苦丁茶十分经久耐泡,嫩叶做的苦丁茶1克可冲泡出150毫升的茶水,在冲泡8~10次后滋味仍浓郁强烈,是普通茶叶及其他植物难以媲美的。

苦丁茶性凉味苦,含有人体所需的多种氨基酸、维生素和微量元素,经常饮用能有效调节人体的代谢功能,具有清热解毒、去火、减肥、降压、降低胆固醇、消炎杀菌、化痰利喉、明目益思和美容养颜等功效。

6. 糯米茶

糯米是一种柔润食物,营养价值极高。性味甘温,功效补中益气,健脾暖胃,养肺止汗。糯米含蛋白质、脂肪、糖类、磷、钙、铁、维生

素B$_1$、维生素B$_2$、烟酸、多量淀粉等营养物质。老年人晨起,服食糯米粥,可益胃生津。农村妇女常在产后吃红糖糯米粥,以取祛淤生血、安神定志、温养胃气的功效。

糯米茶制作方法简单。糯米淘净后晾干,然后放在铁锅中翻炒,至米呈金黄色,即可倒入饭锅内加水煮。加水量比烧粥时多,煮至米粒开花,便可放置一旁,凉后就可以食用。其特点是入口不粘,米粒不糊,食之十分爽口,且清香扑鼻,还有清热作用。

如果去中药店买些薄荷,放水中煎煮片刻,待"糯米茶"煮好后,加入白砂糖,掺入薄荷汁。凉后,便是上佳的"薄荷糯米茶"了。

7.青豆茶

青豆茶

青豆的制作较简单,在8～9月份摘取未成熟的大豆荚,剥取青绿色的嫩豆粒后,放在水中搓揉,淘弃白色的豆膜,随后在锅中加水和盐煮熟,但切勿煮酥,以防色泽变褐而走味。从锅中捞出滤去卤汁,放在烘笼中烘至足干,即为青豆,又称烘青豆。

青豆含有丰富的蛋白质,脂肪基本上是不饱和脂肪酸,亚油酸可占55%,还含有丰富的卵磷脂和钙、铁、磷、维生素B$_1$、维生素B$_2$、维生素A、维生素E、叶酸、烟酸、生物素、大豆黄酮甙等营养物质,可促进

骨骼的发育，纠正骨质脱钙，并对大脑神经系统有营养作用。青豆中含有多种人体必需氨基酸，赖氨酸含量尤多，对人体有一定的滋养作用。青豆茶冲泡时，往往还要加上切得很细的兰花豆腐干、橘皮丁、胡萝卜丁、桂花、炒熟的芝麻和紫苏籽等作料，色、香、味俱佳，是极好的休闲类"点心茶"。

第四章 饮茶新趋势

第五章

茶馆种种

茶馆又称茶楼、茶坊、茶肆，现代多称为茶艺馆，它是以出售茶汤为主，供众人品饮的营业场所。新中国成立前有的戏院也提供茶水给观众，也称茶楼或茶园，但那是以看戏为主，不是真正的茶馆。现在也有一些专卖茶叶的商店，在店里也摆一两张茶桌泡茶给客人喝，那是为了让客人品尝茶汤以决定是否购买，主要是卖茶叶，所以也不是茶馆，只能叫做茶庄。

◇晋代的茶摊

茶馆最早产生于什么年代，至今尚无法确定。它可能萌芽于晋代，当时已经出现了以出卖茶水、茶粥谋生的流动摊贩。据陆羽《茶经·七之事》引用的西晋傅咸《司隶教》的一段记载：

"闻南市有蜀妪作茶粥卖，为群吏打破其器具，嗣又卖饼于市。而禁茶粥以蜀姥，何哉？"

说的是西晋时期，在洛阳的南市有个四川老妇在卖茶粥，被一群官吏把她的器具都打破了，后来改在市上卖饼。于是质问：为什么要禁卖茶粥使她为难呢？

《茶经·七之事》还转引《广陵耆老传》一则资料：

"晋元帝时，有老姥每日独提一器茗，往市鬻之，市人竞买。自旦至夕，其器不减，所得钱散路旁孤贫乞人，人或异之。州法曹絷之狱中。至夜，老姥执所鬻茗器，从狱牖中飞出。"

陆羽雕塑

这则记载说的是东晋时期扬州的事情,虽然带有神话色彩,但说明当时已有人提着茶桶到市场上卖茶水了。

这两则故事都说是老妇人在卖茶粥、茶水,既然可以靠卖茶水谋生,也说明当时已经有很多人购买,饮茶开始走向商品化,茶馆业的萌芽已在孕育之中了。

封演雕塑

◇唐代的茶馆

真正的茶馆出现在饮茶之风已经广为普及的唐代中期开元年间。唐代封演《封氏闻见记》记载:

"开元中,泰山灵岩寺有降魔师,大兴禅教。学禅,务于不寐,又不夕食,皆许其饮茶。人自怀挟,到处煮饮。从此转相仿效,遂成风俗。自邹、齐、沧、棣渐至京邑,多开店铺,煎茶卖之。不问道俗,投钱取饮。"

这是真正的茶馆。从山东、河北一直到首都长安,在黄河中下游的城市里都有这么多煎茶出售的店铺,产茶的南方地区就更可想而知了。可见当时的茶馆业已经相当繁荣。

唐代的茶馆称作茶坊、茶肆。牛僧孺《玄怪录》记载:"长庆初,长安开远门十里处有茶坊,内有大小房间,供商旅饮茶。"房间有大小,可见有一定的规模,不是通常的小店。敦煌文书《茶酒论》也有"酒店发富,茶坊不穷"语句。《旧

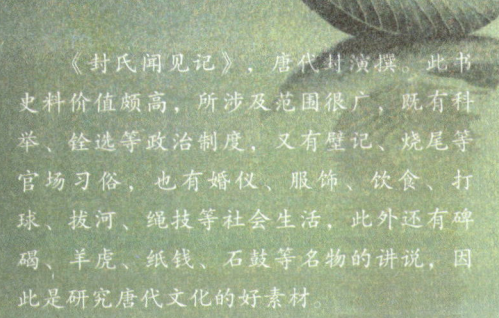

小贴士

《封氏闻见记》,唐代封演撰。此书史料价值颇高,所涉及范围很广,既有科举、铨选等政治制度,又有壁记、烧尾等官场习俗,也有婚仪、服饰、饮食、打球、拔河、绳技等社会生活,此外还有碑碣、羊虎、纸钱、石鼓等名物的讲说,因此是研究唐代文化的好素材。

《唐书·王涯传》记载:"李训事败……涯等仓皇步出,至永昌里茶肆,为禁兵所擒,并其家属奴婢,皆系于狱。"《太平广记》卷三四一"韦浦"条记载韦浦"俄而憩于茶肆"。

◇宋元的茶馆

孟元老《东京梦华录》

到了宋代,由于城市里商品经济的发达,茶馆业出现繁荣兴盛的局面,成为我国茶馆业历史上的一个高峰。宋代的茶馆也叫茶坊、茶肆或茶楼。孟元老《东京梦华录·潘楼东街巷》记载,北宋时汴京城内的闹市和居民聚集之处,各类茶坊鳞次栉比,"茶坊每五更点灯,博易买卖衣服图画,花环领抹之类,至晓即散,谓之鬼市","旧曹门街北山子茶坊,内有仙洞、仙桥,仕女往往夜游吃茶于彼"。

至南宋,茶馆业更是发达,特别是当时首都杭州茶馆林立,五花八门,光怪陆离。耐得翁《都城纪胜》记载:杭州"大茶坊,张挂名人书画,在京师只熟食店挂画,所以消遣久待也。今茶坊皆然。冬天兼卖擂茶,或卖盐豆豉汤,暑天兼卖梅花酒。绍兴间,用鼓乐吹杨梅酒曲,用旋杓入酒肆间,止是论角,如京师量卖。茶楼多有都人子弟占此会聚,习乐或唱叫之类,谓之挂牌儿。人情茶坊,本非茶汤为正,但将此为由,多下茶钱也。又有一等,专是娼妓父兄打聚处。又有一等,专是诸行借工卖伎人会聚行老处,谓之市头"。

吴自牧《梦粱录》卷十六专列"茶肆"一节,记述当时杭州茶肆的盛况:"插四时花,挂名人画,装点店面。四时卖奇茶异汤,冬月卖七宝茶、馓子、葱茶……今之茶肆,列花架,安顿奇松异桧等物于其上,装饰店面,敲打响盏歌卖,止用瓷盏漆托供卖。""夜市与大街有车担设浮铺,点茶汤以便游观之人。大凡茶楼多有富室子弟、诸司下直等人

会聚,习学乐器、上教曲赚之类,谓之'挂牌儿'。""又有茶肆专为下奴打聚之处,亦有诸行借工卖伎人会聚行老,谓之'市头'。""更有张卖面店隔壁黄尖嘴蹴球茶坊,又中瓦内王妈妈家茶肆名一窟鬼茶坊,大街车儿茶肆、蒋检阅茶肆,皆士大夫期朋约友会聚之处。"可见宋代城市里的茶馆环境布置幽雅,茶具精美,茶叶品类众多,乐曲声悠扬,已具有浓厚的文化氛围,并且各具特色。不但劳动群众喜欢光顾,就是知识分子也爱在茶馆品茶会友,吟诗作画。

当时的茶馆还有与曲艺相结合。上述之"习学乐器、上教曲赚之类,谓之'挂牌儿'",就是客人聚会在茶馆里弹奏乐器演唱歌曲。还有专门雇歌女演唱的。周密《武林旧事》卷二:"诸处茶肆……莫不靓妆迎门,争妍卖笑,朝歌暮弦,摇荡心目。"还有请人说书讲古的。洪迈《夷坚志》记载乾道六年冬吕德卿、王季夷等人去临安南郊嘉会门外茶肆,"见幅纸用绯贴其尾云'今晚讲说《汉书》'"。上述"王妈妈家茶肆名一窟鬼茶坊"就是因说唱故事"西山一窟鬼"而得名。也有在茶馆中添置棋牌供人娱乐的。洪皓《松漠纪闻》卷二:"燕京茶肆设双陆局或五或六,多至十博者蹴局,如南人茶肆中棋具也。"

还有从事色情行业的花茶坊和水茶坊。《梦粱录》点名当时杭州潘节干、俞七郎、朱骷髅、郭四郎、张七相等五家茶肆,"楼上专安著妓女,名曰花茶坊……盖此五处多有吵闹,非君子驻足之地"。还有妓女自开的"水茶坊",如《都城纪胜》所载:"水茶坊,乃娼家聊设桌凳,以茶为由,后生辈甘于费钱,谓之干茶钱。"

宋末元初,因长期战乱,社会动荡,经济受到很大破坏,又是被以游牧为生的蒙古贵族所统治,茶馆业自然受到影响。茶馆在元代又叫做茶房,李寿卿的杂

宋代名茶——日铸茶

茶情

元代名茶——武夷茶

剧《度翠柳》第二折中的说白提到："师父，长街市上不是说话去处，我和你茶房里说话去来。"元曲作家李德载写有十首《阳春曲》小令，描写了元代茶肆。总的来说，元代茶馆业大不如宋代，处于衰落阶段。

◇明清的茶馆

明代的茶馆业得到恢复，到了明代中晚期，茶馆又兴旺起来。当时的茶馆仍多称茶肆、茶坊，也有称茶舍，并开始称茶馆、茶楼。仍以杭州为例，田汝成《西湖游览志余》第二十卷记载："杭州先年有酒馆而无茶坊，然富家燕会，犹有专供茶事之人，谓之茶博士……嘉靖二十六年三月，有李氏者，忽开茶坊，饮客云集，远近仿之。旬日之间，开茶坊者五十余所，然特以茶为名耳，沉湎酣歌，无殊酒馆也。"到了明代晚期，据《杭州府志》记载："今则全市大小茶坊八百余所。"在明代的小说《水浒传》、《金瓶梅》等中都有很多表现茶馆的内容。如《喻世明言》中有一篇据宋人话本改编的《赵伯升茶肆遇仁宗》，就是以茶肆为主要场景来表现人物故事的。《初刻拍案惊奇》中也提到金陵（今南京）"酒馆十三四处，茶坊十七八处"。茶馆多过酒家。《金瓶梅》中主人公的故事开始也是从茶馆发展起来的。

明代名茶——阳羡茶

明代有些茶馆的经营颇有特色。当时已经盛行散茶冲泡，对泡茶用水很讲究，有的茶馆就特地从远处运来泉水以满足茶客需要。张岱《陶庵梦忆》记载北京的茶馆："崇祯癸酉，有好事者开茶馆，泉实玉带，茶实兰雪，汤以旋煮，元老汤。器

以时涤，无秽器。其火候、汤候亦时有天合之者。"吴应箕《南都纪闻》记述南京一座高级茶馆："金陵栅口有五柳居，万历戊午年僧赁开茶舍，宣壶锡瓶，时以为极汤社之胜。然饮此者，日不能数客，要皆胜士也。南中茶舍始此。"宣壶就是宣德窑生产的名贵瓷壶，非通常茶馆所能用得起的。

到了清代，茶馆业更是发达，仅是南京城就有上千家。《儒林外史》第二十四回描写道："大街小巷，合共起来，大小酒楼有六七百座，茶社有一千余处。不论你走到一个僻巷里面，总有一个地方悬着灯笼卖茶。插着时鲜花朵，烹着上好的雨水，茶社里坐满了吃茶的人。"李斗在乾隆六十年撰写的《扬州画舫录》中也记载了扬州茶馆的盛况："双虹楼，北门桥茶肆也。楼五楹，东壁开牖临河，可以眺远。吾乡茶肆，甲于天下，多有以此为业者。出金建造花园，或鬻故家大宅废园为之。楼台亭舍，茶木竹石，杯盘匙箸，无不精美。"以"故家大宅废园为之"的茶楼如"和欣园"，本是亢家花园旧址，后改为茶肆，并以酥儿烧饼见称于市。"冶春茶社"是利用崔园旧址建设。还有在江园内开竹径，临水筑曲尺洞房，额曰"银塘春晓"，园丁于此为茶肆。这些茶肆"饮者往来不绝，人声喧闹，杂以笼养鸟声，隔席相语，恒以眼为耳"。还有一种露天的"茶桌子"："乔姥于长堤卖茶，置大茶具，以锡为之，少颈修腹，旁列茶盒，矮竹几机数十。每茶一碗二钱，称为'乔姥茶桌子'。"这是民间在卖大碗茶了。

当时北京也是茶馆林立，各种各样，门类齐全。有专供商人洽谈生意的清茶馆，有兼营饮食的"二荤铺"，有表演说唱曲艺的书茶馆，有供人野游赏景歇脚休息的野茶馆，还有可容各色人等的大茶馆。《京华春梦录》记载："都中茶肆……坐客常满，促膝品茗，

清代的北京茶馆

茶情

乐正未艾。茶叶则碧螺、龙井、香片,客有所命,弥不如欲。佐以瓜粒糖豆、干果小碟,细剥轻嚼,情味俱适。有鸡肉饺、糖油包、炸春卷、水晶糕、一品山药、汤馄饨、三鲜面等。"郝懿行有首《都门竹枝词》描写了北京茶馆的情景:"击筑悲歌燕市空,争如丰乐谱人风。太平父老清闲惯,多在酒楼茶社中。"乾隆年间,还在圆明园设有一条商业街,古玩、衣服、皮货、茶馆、酒楼、饭店等,热闹异常,都是太监们所开。其中"同乐园"茶馆,连日唱戏,弦歌悠扬,宗室贵胄、文武大臣,均聚此观戏品茶,热闹非凡。此外,清代北京有些以演戏为主的戏院,在观众看戏时也供应茶水,称之为茶园,如"吉祥茶园"、"天乐茶园",实际上是剧场,并不是真正的茶馆。但与戏剧、曲艺相结合确是北京清代晚期茶馆业的一个特点。

> **小贴士**
>
> 煮米饭的时候,如果用茶水,你会发现煮出来的米饭更香,口感更好,而且不会破坏米中的维生素。当然不要用太浓的茶水,那样会使米饭发黄、发苦。

上海茶馆开设较晚,至同治年间(1862～1874年)才兴盛起来。最早的是三茅阁桥沿河的"丽水台"。徐珂《清稗类钞》记载:"其屋前临洋泾浜,桀阁三层,楼宇轩敞。南京路有一洞天,与之相若。其后有江海、朝宗等数家,益华丽,且可就吸鸦片……福州路之青莲阁,亦数十年矣,初为华众会。"光绪二年(1876年)在广东路棋盘街北开了一家装修华丽的"同芳茶楼",兼售糕点糖果,早点有鱼生粥,中午有各色粉面点心,夜晚有莲子羹、杏仁酪等。之后出现了"怡

清代的江南茶馆

珍茶居"、"三盛楼"等。清咸丰五年（1855年）在老城隍庙湖心亭开设茶楼。附近还有"春风得意楼"、"松风阁"、"挹鹤亭"、"船舫厅"、"绿波浪"等。

总之，清代晚期，也是我国茶馆业的一个兴盛时期。

形形色色的茶馆

◇ 清茶馆

清茶馆是北京人的叫法，是地地道道的以卖茶为主的茶馆。店堂通常布置得十分雅致，设备较齐全。在门前显眼的地方会悬挂标有"毛尖"、"雨前"等茶叶名目的木板招牌，牌下垂着随风飘拂的红布条穗的幌子，功能同酒店用来招揽顾客的酒旗一样。来此的茶客多是闲散老人和纨绔子弟。茶馆每日清晨五时左右开门，壶盏清洁、水沸茶备地等待清晨遛鸟、散步归来的茶客们光临。拢在一起，沏上壶茶，茶经、鸟经、世事经随意侃，悠悠然消磨时光。

另一些茶客，如小贩、生意人、高利贷者，则在这里互通信息，商谈买卖等。找手艺人的和手艺人没活干的，也会来此坐上半天，碰碰运气。

据《京华春梦录》载："都中茶肆……坐客常满，促膝品茗，乐正未艾。茶叶则碧螺、龙井、武彝、香片，客有所命，弥不如欲。"（见《北平风俗类征·市肆卷》茶点、茶食也会供应。最为著名的，是陶然亭北面的窑台。

清末徐珂《清稗类钞》中记有："京师茶馆列长案，茶叶与水之资，须分计之，有提壶以往者，可自备茶叶，出钱买水而已。"这也算灵活经

老北京的酒茶馆

北京的老字号——"张一元"茶庄

营、买卖公道吧!茶叶都是一小包一小包,包好的。茶房将茶沏好端上来,壶嘴上插着一张折成三角锥形的包茶叶纸。一是为保持壶嘴清洁,二是为表示茶叶货真无误、童叟无欺。茶叶纸上赫然清晰地标明"东鸿记"、"西鸿记"、"张一元"等著名大茶叶店的字号,让顾客放心地静心品茗。

在北京,这种以卖茶为主的茶馆设在郊外,俱称为野茶馆。不像都市茶馆那样讲究,只矮矮几间房作门面,土砌的桌椅、砂陶的茶具、苦酽的茶汤,供茶客欣赏田园自然风光。远离喧闹嘈杂,尽显恬静幽雅。看蝶舞蜂飞,田家童趣;听莺啼燕语,流水潺潺;与野老话桑麻,村妪谈年成,品蓝天白云、田园风情。吸引的是旨在品茗慕清静的茶客,方便的是需饮茶解渴歇脚休息的游客。清代北京的四郊遍布这种野茶馆,是热闹北京城的清静所在。著名的有朝阳门外麦子店茶馆、安定门外绿柳轩野茶馆、六铺炕野茶馆、东直门外葡萄园野茶馆、德胜门外三岔口野茶馆、西直门外白石桥野茶馆等。

"千里不同风,百里不同俗。"镇江的茶馆也绝不会被人认作他处。镇江人俗称清茶为"风箱茶"。盖因茶馆供水的大锡吊从清晨开业到夜间打烊,始终稳坐炉灶。茶客一到,立时拉起风箱。待水沸后,茶堂倌拎着水吊(长把铜壶)绕桌为茶客沏茶。而通常的小茶馆(镇江人称之

镇江老茶馆

为"小包子店"),其水永远没有这样"滚开",俗称"停汤水"。爱喝清茶的土生土长的市民通常都习惯到这类茶馆品茗。早市时卖清茶兼卖早点,下午则专卖清茶,不卖食物。

镇江人称以出售清茶为主的茶馆为素茶馆。清末以来的首家素茶馆是一个叫杨大贵的商人开设的"邻桥园"。稍后较著名的还有今天五条街的"春陞园"、"完顺园",今南门大街的"惠风",今大西门的"如意",今宝安新街的"万和楼",等。

上海的文明雅集也是这一类清茶馆。由此可知,踏足此地的都是一些骚人墨客、画家书手、古董商人。店内窗明几净、器清具洁,悬字画、置盆景,赏心悦目,高雅不俗。百年老店"湖心亭"、景色宜人的"品泉楼"、"一线天"、"丽水台"等林立的茶馆,大大满足了爱"孵茶馆"的上海人。囊中羞涩的普通市民、打工之人也有简单便宜的"老虎灶"可以光临。

相对于"十里洋场"的上海滩,人间天堂的杭州茶馆更具江南风情、儒雅氛围。钟灵毓秀的杭州得天赐名山、名水、名茶,凝聚历代文人精华,茶室的文化气氛更胜一筹,是吴越茶馆文化的代表。南宋之初的杭州大兴茶楼张挂名人字画,装饰四时鲜花,茶客盈门,生意兴隆。

杭州人爱喝清茶,茶室里除供应清茶外,通常不卖茶食,倒喜欢在茶里放香花。茶香花香,相得益彰;茶色花色,相映益显。新年新岁,茶室里只按风俗习惯卖"元宝茶",也就是清茶中添两只青橄榄,目的是为了图个吉利,讨个口彩:"吃杯元宝茶,一年四季元宝来。"茶中也映民趣。

杭州的茶馆之所以叫"茶室",是别有意味在其中。"室"字之意,既可为文人书房,又可作佛道净堂。因而杭州茶室

清代的镇江老茶馆

茶情

虽如西湖通常"淡妆浓抹总相宜",可古朴,可豪华,可精致,可简拙,但切不可喧闹粗俗。杂以说唱、曲艺的茶室不多,与澡堂结合、吃点心荤菜的茶室更少。

整个杭州城本是山清水秀,雅洁、清幽的茶室自然就成了天然图画中的一景。景旁常伴有气韵流动的清泉。黄龙洞茶室里接引的是宝石山麓崖壁上流出的玉液,玉泉寺茶室汲取的是玉泉池里的琼浆。名茶、好水、佳景,再加上一点灵隐寺悠悠钟声中的禅机妙悟,真可荡涤心胸,澡雪心性,宠辱皆忘,立地成佛了。

桨声灯影中的秦淮河畔,也点缀着诗情画意的清茶馆。"得月台"、"迎水台"、"市隐园",为文人雅集之地。饮茶吟诗,品茗观月,高谈阔论,尽展才情。首屈一指的新奇芳阁可容纳三四百人同时品茗,楼上楼下设置一百多张红木、杂木方桌,悬挂岳武穆的《出师表》等名人字画,以其气派、服务吸引着学术界名流、工商界巨头、社会知名人士、达官贵人等。一些老茶客长年将自备茶壶寄放茶馆,还备有小袋松子,茗茶时摩擦茶壶,久而久之,渗入茶壶的松子油使壶中茶水微含松子香。

秦淮河畔

在香港还有一种特别的茶馆——凉茶铺。香港暑长湿闷,热疾尤多,具有清热解毒功效的中药凉茶应运而生。香港老式凉茶铺专卖凉茶,如"水翁花"、"崩大碗"、"五花茶"等,只偶尔兼售一些送口果,如陈皮梅等。通常在店铺中的显要处摆放一只装有水龙头的大茶桶,台上放着盛好的凉茶,顾客可随意取饮。据说这种凉茶出自清朝嘉庆年间(1796~1821年)广州的一个医生,叫王吉。后来人们为纪念他，而称这种茶为"王老吉"。传入香港后，日益风行。此外，香港"单眼佬"秘方制造的二十四味凉茶，也深受市民欢迎。

◇书茶馆

北京城的茶馆中很有特色的一类，是兼营说书和演唱的，北京人称之为书茶馆。地有南北，人以群分，有的爱听书，有的爱听曲儿，各地的书茶馆也是千人千面，个个相异。

清代北京东华门外的东悦轩，地安门外的同和轩，天桥的福海轩，都是当时的评书名角开坛说书的好地方。营业时间多在下午和晚上，劳累了一天的人们有空闲娱乐的

北京旧时书茶馆模拟图

时候。下午通常三四时开书，至六七时散书；晚上通常七八时开书，十一二时散书。也有在白天开书以前，加一短场的，大约在下午一时至三时，叫做"说早儿"，通常由无名小卒或初学者说。

茶馆主人邀请艺人演出，以演述评书为主。这是茶馆吸引顾客的手段之一，却为人们提供了一项极好的文化生活。听书品茗，怡情养性，商号老板、账房先生等常悠然而来，意满而归。茶馆开书之前可买清茶，开书后即停止供应。茶客在茶

小贴士

饭后用喝剩的茶水漱口，可漱出食物残渣。漱时，让茶水在口腔中反复运动，能清除牙垢，提高口腔黏膜的生理功能，增强牙齿的抗酸防腐能力。

资之外,到每说唱完一段时,还随意给一二文钱。

在书茶馆说评书的以两个月为一转,到期换人接演,这也是为留住茶客。凡每年在此两月一准儿在这家茶馆演述的,叫"死转儿"。如遇闰月,则另外约人演述,叫"说单月"。也有由上转连说三个月或由单月连下的。至于连说两转四个月,那要功夫炉火纯青、登峰造极如柳敬亭者了。

聘约为一年的说书人,照例应在年前预定。书茶馆预备酒席,款待先生,名曰为"不买书"。当然要讨论分账问题,通常每日说书收入,按三七分,书馆三,说书先生七。遇有零头,统归先生。如果是说书先生的旧知在书钱外另给的钱,也归先生。

茶馆中的说书,主要有三类:一是长枪带书,如《列国》、《三国》、《隋唐》、《精忠》、《明英烈》等;二是小八件书,就是所谓公案书,又叫侠义书,像《七侠五义》、《三侠剑》、《施公案》、《于公案》之类;再者就是《西游》、《封神榜》、《济公传》之类的神怪书。

北京是评书的发展地,培养出了评书名角,也磨炼出有经验的老书客。艺员一经老书客评价,可声名鹊起;偶一出错受到批评,也可能就此湮没不闻了。

上海的书场大都设在中小型茶馆中,大型的茶楼不必靠此来吸引顾客。大多数茶馆是早晨卖清茶和茶点,中午打烊休息,下午、晚上设说书场。凡设书场的茶馆,通常都有楼,比较宽敞。茶室正中靠一面墙筑一小坛,为评弹、说书艺人表演之处。茶馆门口挂一黑板,用白粉写上说书艺人和所说书名。每逢阴历年的前四五天,就有艺人联合

北京的大碗茶

说书会之举，规定一场为四档书，茶馆老板每每争相邀请当红名角登台表演。说书内容除前三种外，还有唱《三笑》、《杨乃武与小白菜》等缠绵儿女的小书。

南京的茶楼，以夫子庙的最有代表性，魁光阁是其中最著名的四家之一。魁光阁的书场在下

今日南京夫子庙得月楼外景

午、晚上或是书场或为清唱。店门外悬木牌，上常书"某日夜几时请某某女先生弹唱古今全传"。1935年，有鼓界大王之称的刘宝全以68岁高龄在此演唱京韵大鼓《截江河斗》，引得茶客挤满茶室，轰动一时。

夫子庙一带还有十多家较有名的清唱茶社，如得月台、得月楼、天香阁、鹿香阁等，其中群乐茶社声名最响。来此的茶客，多半不是为品茗，吸引力来自茶社请来的著名歌女。20世纪40年代，群乐茶社改为戏茶厅，以京剧清唱为主。

以上所提到的各具特色的茶馆似乎都是城里市民、高雅之人的涉足之地，在南京市郊却另有独特的茶馆，这就是我国著名教育家陶行知先生专为整天跟泥巴、庄稼打交道的穷苦人开设的佘儿岗茶馆。

这片独立于乡村小镇的简陋茶馆，在规模气派上自然无法与都市茶楼相比，但在情趣上别有洞天，在功能上不输毫厘。

陶行知先生亲自为茶馆撰写了一副茶联：

欢欢喜喜喝茶，

叽叽咕咕谈心。

一幅农家众乐图自然现于眼前。

它的各项功能都围绕另一副茶联所昭示的宗旨："为农民教育之枢纽，是乡村社会的中心。"所以佘儿岗又得了一个名字——"中心茶园"。

余儿岗茶馆除供人们喝茶聊天解乏之外，更重要的是把它作为教育乡民的讲堂、丰富村民娱乐生活的场所。陶行知派了两位老师担任农事指导，兼任说书先生。一人一天，轮流开讲《三国演义》和《精忠岳传》。说书之后，再教大家读书识字，男女老幼都来这所"夜校"听书、识字。

成都著名的盖碗茶

以阳羡茶和紫砂壶扬名天下的宜兴，其茶馆也是源远流长，不肯输于他处。宜城的凤阳楼、仿和楼等全天营业，一日三市，晚上兼营书场、说书，有"大书"和"小书"之分。说"大书"的有两人，一人说书，一人帮腔；说"小书"的自然只能是孤家寡人一个。凤阳楼说小书，仿和楼说大书。虽有小大之分，气势却不分高下，各有各的一批忠实茶客，按时到场，听书喝茶。

听书看戏，向来连在一起。成都的茶馆为招徕顾客，除设置书场，讲评打扬琴、敲金钱板、活叶子，还充分考虑到票友们的需求，有的茶馆专门设置京剧、川剧，有锣鼓伴奏的清唱，还有票友组织的专场坐唱。

宜宾的茶馆有一大特色，是唱玩友，又叫打玩友，实际是川剧清唱。据考证，唱玩友在宜宾，始于清朝中期，盛于民国年间。川剧是四川的地方戏，历史悠久，影响广泛，因而川剧的古典名剧和"昆、高、弹、胡"唱腔曲牌，通常的四川人都能哼上几句。茶馆中的唱玩友是通俗的文化活动，基本上都是本地人。爱好川剧的人会集到茶馆里，不管是老相识，还是刚照面儿，会唱的就要来上几段。听唱的人只出茶钱，不另收费，捧个场儿，叫个好儿，听的人、唱的人、都很惬意。如果碰

巧儿,能各自扮演戏中角色,唱上一折《秋江》或《五台会兄》,那茶馆就热闹非凡了。若有人能唱,有人能打锣鼓拉胡琴,那就更妙了,一个完整的玩友班子就建成了,这就可以唱整本戏了。这个业余的玩友班子,不像北方茶馆里唱"大鼓"和江南茶馆唱"评弹"的是专业演员,也达不到专业剧团那样演员众多、角色齐全,有的人要兼唱几个角色,司鼓还要兼领腔。在茶馆里边听玩友,没有条件顾及到戏中人物的扮相、身段,无法精确舞台演员的一招一式,锣鼓器械也不齐全,但爱好者中藏龙卧虎,也不乏精到圆润的唱腔、清越悠扬的声调,且比之舞台表演,还更添一些亲切和自得其乐。

◇ 棋茶馆

下棋在中国有着悠久的历史。棋迷们饭后闲暇,总要杀上他几盘。若正好棋逢对手,那是棋迷的平生乐事,更要欲罢不能了。下棋可消遣娱乐,可修身养性。现在各地公园里随处可见对弈观棋的老先生们。

老北京的棋茶馆多集中在天桥市场一带,茶客以劳动人民和无业游民居多。这类茶馆通常铺在砖垛木桩上,上画棋盘格。供应的茶也并非什

旧时北京的棋茶馆

么名贵品,只收茶资不收租费。每日下午,茶客聚集至此,边饮茶边对弈,切磋棋艺,也暂忘烦恼。至傍晚,生意转淡,茶客们陆续散去。也有专门的棋茶馆,那是文人闲士们消情遣兴、排忧解闷的好去处,像什刹海二吉子围棋馆、隆福寺二友轩象棋馆等。

其他地方,如上海、杭州等,也有弈棋之人分集在各家茶馆演绎宁

静中的烽火连天，在不冒硝烟的战场上分个高低胜负。不得已鸣金收兵，还要相约明日再战，死约会，不见不散。

◇江南茶馆

所谓江南是指横断中国的长江下游地区，这里山川秀美、物产丰饶，为"鱼米之乡"，有"江浙收，天下足"的美誉；这里人文荟萃、才士辈出，长期处于中国经济文化领先地位。温润的气候、精秀的山川、彬盛的文化熏染得江南茶馆亦清新娴雅、精巧绝伦。

江南的吴越地区是我国产茶胜地，其生产的绿茶在我国茶叶生产中占举足轻重的地位。吴越地区山灵水秀，风景如画，不仅有产茶的自然条件，而且有品茶的自然环境。在这里，经常是集名茶、名水、名山为一地。

在吴越地区，禅宗所占的重要地位，使得该地区与道家、儒家思想更为贴近。于是，儒、道、佛三家在这一产茶胜地集结，共同创造了中国的茶文化体系。

吴越地区（包括闽粤），把中国茶文化的精髓保留下来，至今浙江茶事也是最为兴盛。从陆羽，皎然饮茶集团，到湖州民间"打茶会"，从杭州现代化的中国茶叶研究所到兼古通今的茶叶博物馆，从西子湖畔一座座茶馆，到集茶肆、茶会、茶学研究于一身的"茶人之家"，都证明了这一点。

杭州茶馆，源于南宋。南宋建都于杭州，把中原儒学、宫廷文化都带到这里，使这座美丽的城市茶肆大兴。早在南宋，杭州茶肆便有与书画结合的特殊风格，并产生了各种风味茶。当时的盐豉汤，可能即

江南茶园

指今浙江流行的盐豆茶。擂茶，是以茶与芝麻、米花等物捣碎而成，是一种既开胃又健身强体的饮料。而茶中加葱与姜也是宋代民间普遍流行的吃茶法。

浙人饮茶大部分是在自己家里，因此现代杭州茶馆的数量，可能不如四川成都多，整个吴越地区，也不像整个四川大城小镇茶馆栉比林立。但是，若论茶馆的文化气氛，杭州却大胜一筹。

小贴士

《梦粱录》，宋代吴自牧著。这是一本介绍南宋都城临安城市风貌的著作，为后世了解南宋城市经济活动，手工业、商业发展情况，市民的经济文化生活，特别是都城的面貌，提供了较丰富的史料。

杭州茶室有几大特点：

第一，是讲究名茶配名水，品茗临佳境。

表面看起来，杭州茶室，既没有功夫茶的成套器具，也没有四川茶馆座椅壶碗配套及"幺师"的行茶绝技，但贵在一个"真"字。杭州人喜好西湖龙井。真正绝品龙井在狮峰，很是难得。但仍能在杭州茶馆品尝稍好一点的特级、一级龙井。龙井茶属典型绿茶类，一杯茶沏出来，叶芽形状美丽而不失真。味亦清淡甜美，确有如饮甘露之感。西湖龙井所以能保持这种茶的本色，与水有很大关系。虎跑为天下名泉，其他地区水质稍逊，但较内地江河之水也美得多。到杭州，游西湖，上灵隐，虎跑水加上等龙井，那是极大享受。可贵之处在于无论茶

杭州茶室

与水，都不失真味。对茶中色、香、味的体验，不需雕琢粉饰。人们常说："欲把西湖比西子，浓妆淡抹总相宜。"西湖茶室亦是如此，不论在亭台楼榭之中，或是山间幽谷之处，或繁或简，总透着自然的灵气。

第二，西湖茶室充满"仙气"、"佛气"与"儒雅"之风。

在杭州，各种茶室通常皆典雅、古朴，不同于京津那种杂以说唱、曲艺的茶室，更没有上海澡堂子与茶结合的"孵茶馆"；更很少有广州、香港，名曰"吃茶"，实际吃点心、肉粥的风气。

沿湖而行，苏堤、白堤，茶室中体会到的是湖天一色，人茶交融。到了虎跑，淙淙的泉水，清幽的茶室，随处可见大虎、二虎"跑来佳泉"的民间故事。或是听到灵隐钟声，袅袅香烟，遇到虔诚的佛门弟子。汩汩的泉水流淌，再到茶室饮上一杯龙井，不是佛徒，也便好像从茶中触到禅机，领略到一种神仙味道。至于西泠印社之侧，茶人之家的内外，书画诗文，更构成自然的儒雅风格。所以，你在杭州茶室，体会茶的"文化味道"，不仅要从烹茶、调茶程式、方法来领会，而且要从那种历史氛围中去感受。面对葛洪、济颠、白娘子的遗迹，你不是仙，却也从茶中沾上了"仙气"。所以，在杭州茶室饮茶，若不伴以对吴越历史文化的理解，很难成为真正的西湖茶人。

第三，整个杭城山水构成了西湖茶室文化的自然氛围。

在杭州，茶与天、地、人、山水、云雾、竹石、花木融为一体；茶文化与整个吴越文化相交融了。

杭州西湖

杭州茶室可作为"吴越茶馆文化"的代表。其他江浙市镇，除上海外，其茶馆文化大体相同。如湖州茶馆在接受杭州茶肆风格外多了些民间情趣，即兼听书、

交易、评理等民间活动。如府庙的金贵园、启园、顺元楼，南门的同春楼、清和楼，北门的岳阳楼、九江楼；还有天韵楼、玉壶春、状元楼、荟芳楼、一升天、升风阁等。虽处闹市，但仍保持与自然、儒雅相结合的韵味。纷争用茶一协调，是非分明了，且又和气，不伤感情。"中庸原则"，"无为而有为"，在这里被溶进茶理之中。至于苏州茶馆，则加上些优雅的评弹、曲艺。像北京老茶馆中的红火热闹，吴越之地则少见。

清代江浙两省的民众嗜食点心，出现了不少经营点心的茶食店，乾隆（1736~1795年）末年，江宁（清朝府名，辖境相当于现在江苏南京及江宁、六合、江浦、溧水、高淳、句容等市县）的茶食店以利涉桥的阳春斋、淮清桥的四美斋最为出色。游玩者、待客的艺女都来此争相购买。

小贴士

新买的木质家具，往往有刺鼻的油漆味，用茶水擦洗几遍，其异味自会消退，比清洁剂效果好。

江宁（今南京）最负盛名的鸿福园、春和园茶肆，皆在文星阁东首，"日色亭午，坐客常满，或凭栏而观水，或促膝以品泉……茶叶则自云雾、龙井，下逮珠兰、梅片、毛尖，随客所欲。亦可佐以酱干、生瓜子、小果碟、酥烧饼、春卷、水晶糕花、猪肉烧卖、饺儿、糖油馒首。叟叟浮浮，咄嗟立办。但得囊中能有直，亦莫漫愁酤也"（《清稗类钞》"饮食类"）。

秦淮茶馆的名点心以"一条龙"包子（小笼肉包）、"蟹壳黄"烧

杭州名茶——绿剑茶

饼、各色干丝最为畅销,而且大大小小的羊肉面、"龙门居"的拉面、薄饼,都堪称一绝。老牌的"奇芳阁"和"魁光阁"则以纯正的清真口味稳踞秦淮,其初春的荠菜饺和初夏的荬儿菜饺更是添花之点。

南京茶馆的干丝深得鲁迅先生喜爱,他在南京求学时就常去下关江天阁茶馆喝茶,只因这家茶馆佐茶的"干丝"十分好吃。用豆腐干切成细丝,加姜丝酱油,重汤炖熟,再上浇麻油,如此,清新爽口,不油腻,百吃不厌的佐茗"干丝"就出炉了。朱自清吃了南京茶馆的干丝和芝麻烧饼后,却"觉得芝麻烧饼好,长圆的,刚出炉,既香又酥又白"(《都市的风光•南京》)。

民国时期,与魁光阁、新奇芳阁、六朝居齐名的是义顺茶馆。它清晨开门营业,早半天是各行业的手艺人聚会之所,又是"房牙门"(介绍房屋买卖租赁的中间人)议事做交易的场所,下午是养鸟人的天下。义顺茶社供应鸭油烧饼、干丝两种价低的点心。干丝是堂倌经营的,名声虽不及新奇芳阁,但调制也十分讲究。干丝不是直接下锅煮,而是用沸水反复几次烫成的。一碟干丝,另配一小碟小磨麻油作料,由茶客自己调拌,吃起来鲜嫩爽口,味道比之煮干丝又别有洞天。就着壶茶,吃完干丝,再来两块鸭油酥烧饼,就会让你欲罢不能、念念不忘,还得再来一趟。

"新奇芳阁"位于夫子庙贡院街南首,前身就是清末开设的"奇芳阁",因股东失和而拆伙停业。原股东之一的刘海如于1916年又独资开了这家"新奇芳阁"。它供应的面点小吃,品种多,口味别致。麻油菜包、豆沙

南京名茶——雨花茶

包、酥油小烧饼、鸡丝面、干丝、春卷、荠儿菜烫面饺之类，当时都极负盛名，经久不衰。新奇芳阁的伙计有两手绝招。一是茶室堂倌左右手腕上各能平铺四大碗鸡丝汤面，飞步登楼，左避右让，穿于络绎茶客中而不溅点滴，其功夫不亚于《少年方世玉》中苗翠花的千里送鸡汤；二是细切干丝，能把千丝切得匀细如生姜丝而不断不碎。所以，老南京有"新奇芳的千丝——盖了"之说，那就是登峰造极之境了。

扬州人之于茶馆，可谓"迷恋"二字，且只要饮茶就少不了茶食。《清稗类钞》中载："扬州人好品茶，清晨即赴茶室……盖扬州啜茶，例有干丝以佐饮，亦可充饥。干丝者，缕切豆腐干以为丝，加虾米于中，调以酱油、麻油也。食时蒸以热水得不冷。""早上皮包水，晚上水包皮"，扬州人泡茶馆和泡澡堂子的两大嗜好，自然使得扬州城内外遍布茶馆：辕门桥附近有二梅轩、集芳轩，教场有文兰天香，埂子街有丰乐园，琼华巷有文杏园，虹桥有冶春社，广储门有雨莲，北门有双虹楼，西门有绿天居等。各家点心也自有绝活。双虹楼的烧饼好，有糖馅、干菜馅、苋菜馅等。想吃灌汤包子、春饼和烧卖，可不用考虑，抬脚直奔二梅轩、雨莲、文杏园，准没错。

扬州的茶馆多数建得富丽、雅致，百年老店富春茶社是当仁不让的最佳代表。李斗《扬州画舫录·草河录》："若论茶道之精，花卉之奇，当以富春为最。"据说，风流潇洒的乾隆皇帝下江南时曾驾幸富春茶社，吃了店内的珠兰茶和三丁包子，龙心大悦，当即应店主陈富春的请求，执笔挥毫，御赐"天下一品"四字墨宝。从此富春更是独领茶社风骚。

富春茶社有花、茶、点、菜四绝。花，是每一餐厅的窗台均置有盆栽鲜花，

扬州百年老店富春茶社

并依时而换，从不间断。茶，只供应一种，名曰"魁龙珠"，乃茶社独创，用安徽魁针、浙江龙井、扬州珠兰精制而成，别有一番风味。煎茶之水，亦是独特。用木制水车运自城外运河，注入砂缸，以矾淀使之澄清，后上铫煎水，鼎沸冲茶。头道水使茶透，二道水茶味浓，三道水茶香溢，齿颊留香不足以形容其妙。菜，就是地道的扬州美味，包括精美的乾隆宴。

南京的干丝当属新奇芳，扬州的干丝还是首推富春茶社。"大煮干丝"，又叫"鸡汁煮丝"，前人有词赞曰："扬州好，茶社客堪邀，加料干丝堆细缕，熟铜烟袋卧长苗，烧酒水晶肴。"富春的干丝刀工精细，入口软滑异常，不油不腻。

用海参丁、鸡丁、肉丁、笋干及虾仁为馅的五丁大包，以及野鸭菜包、荠菜包、翡翠烧卖、蟹黄汤包还有千层油糕，这些听其名即已让人垂涎欲滴的小吃，都是富春的名点。其中的千层油糕和翡翠烧卖被誉为扬州双绝，黄桥烧卖、韭黄春卷，也绝对值得一尝。

富春茶社凌晨六时起营业，茶点供应至下午，黄昏后做酒席、晚饭，供应苏扬名菜。不论座上茶客多少，一壶茶只收五角钱，开水不算。若自携茶来饮，一样欢迎，并免费提供开水。

镇江的荤茶馆主要在商业活动频繁的城郊，较为有名的有在今天人民街的"天一楼"（初名"中华园"，后改"中华楼"，抗战期间更为"宴春"）、"顺兴"、"天乐园"（俗称"老天乐"），今中华路北的"花阳楼"，今新街的"万花楼"等。最早创建的

小贴士

茶有强烈的收敛作用，时常将茶叶含在嘴里，便可消除口臭。常用浓茶漱口，也有同样功效。如果不喜饮茶，可将茶叶泡过之后，再含在嘴里，可减少苦涩的滋味，也有一定的效果。

"朝阳楼",在大门正中挂有一金字招牌——"京江朝阳楼"。除卖茶外,专营蟹黄汤包、水晶肴蹄、鸡汁汤面,承办民间酒席和官场筵席。

镇江茶馆的茶食多用猪肉制成。将猪肉腌几天,至"其色白如水晶,切之成块,于茗饮时佐之甚可口,不觉其有脂肪也"。镇江肴肉至今仍驰名中外,它肉质结实,香味浓郁,不易变质,以冬季和春季的成品为最佳。

江西名茶——婺源绿茶

江西各地盛产名茶,修水、武宁的"宁红",婺源的绿茶,庐山的云雾茶,遂川的狗牯脑,无不驰名中外。省会南昌作为一座江南古城,有2100多年的文化历史,特别是地处我国盛产各种名茶的东南丘陵地的中心,东引瓯越,西控蛮荆,襟江带湖,居江南岭南地区主要通道的要冲。因而南昌地区经营的茶业和茶馆业,已成为重要传统行业。南昌茶馆又名茶园、茶社、茶店、茶铺、茶楼,本地人大多称为茶铺或茶社。

晚清及民国初年,南昌人口不过20多万,茶馆(不含茶摊)却有200多家,遍布全市大街小巷。仅在船山路一条街上,就有宝华楼、聚贤楼、陈源发三座大茶楼,相隔不到300米,各自设有400至500个座位。靠闹市区有德春园、春园阁大茶楼。此外,还有福裕春、万花楼、四海全、福兴润、杏花园等大茶楼。其中福裕春茶馆有号称"南昌市半员外"之说。当时较著名的茶馆,还有青莲阁、聚兴楼、四季春、黄一层楼、瑞云楼、集仙楼、福胜楼、集贤楼、福星楼、福寿楼等。

南昌的茶馆大致分为高、中、低三个档次,其中高档茶馆装饰宽敞,并专辟雅室、特座,以茶为主,兼办小吃,也有清音曲艺、琴棋等文娱活动;中档的设备略差,但大都附设说书的(南昌人叫做听"古儒词"),讲《彭公案》、《济公传》、《水泊梁山》、《包公案》等;

旧时南昌茶店用水的来源——赣江

低档的大街小巷均有,最次的叫做"寡茶店",多是些老人饮茶谈天说地之处。

南昌茶馆前大都挂有黑底金色"茶"字招牌。茶馆里陈设的主要是八仙桌和长板凳,每位茶客一套带碗盖、托碟的瓷茶碗和一双竹筷。大茶馆的炉灶一般在店堂中部,多的有十个火孔,同时用十把锡茶壶烧开水。茶叶由老账房或老板娘掌管。普通茶叶是香片,如要龙井、毛尖等高级茶叶则另加费。跑堂的茶房往往有过硬的技巧,一般要通过三年学徒过程,严格学习泡茶、待客等技术。旧时南昌没有自来水,茶店用水是不能用井水的,必须由徒弟到赣江去挑河水。徒弟必须练腕力,要达到一手提起50斤重的满水桶,把水倒入小口的瓶中,水柱成一线,不准注在瓶外,不准溢出瓶口。如此反复练习后,茶房在送茶时,能一手提水壶,一手托茶盘,泡茶送点心一起上。泡茶时,一手揭开碗盖,一手冲茶,一冲即满,一冲即准,不多不少,也绝不会把水溅到桌上。

当年许多茶馆门外书写"清茶细点,一应俱全"。所谓"细点",就是佐茶的点心。南昌茶馆的常客,主要是出卖劳动力的下层百姓,所以"细点"都为果腹之用,名为"细点",实为粗食,但其价廉物美。

"细点"常见的有四种:一是白糖糕,以湿糯米粉搓成圆条,三匝相累呈环状,经油炸呈金黄色起锅,裹以白糖,外酥内糯,软硬适口,甜而不腻;二是牛舌头,以湿糯米粉、红糖糅合,呈深红色,揉成角状,裹以糯米粉,搓成圆条,拍打呈椭圆形,切成二分厚一片,扭成"S"状,炸熟后红白相间,软硬适度,形似牛舌卷动之状;三是油

香,是用湿糯米粉、红糖、素油合糅作皮,红糖作馅,拍制成菱形,炸熟后皮成酥状馅成糖稀;四是马打滚,与牛舌头的外观相似,但不用红糖,炸熟后裹以白糖。除了这四种外,还有油条、包子、麻圆、麻花等,有的茶馆还兼营水酒、米粉、卤味等。

南昌茶馆例规,大体实行早、午、晚三巡,过了午饭、晚饭时间,需要重新计价。茶资一般很低廉,适合平民消费。茶客坐泡第一次茶,叫做"泡头碗",一般三泡为度。茶客如果有事离座,把茶碗盖翻个面盖好,表示还要来饮茶。

民国以后,南昌茶铺业也不免受到西风熏染,一些现代化的商业企业,如江西大旅社开设屋顶茶社,广益昌百货大厦也设有茶社,一些新辟的公园,如豫章公园、大成公园、湖滨公园以及一些空旷地区,都在夏季临时增设露天茶社。这类茶社,除供应传统的各种茶点外,还增供咖啡、牛奶以及各色西式点心蛋糕、吐司等。这类茶社由于环境优美,深受欢迎。

说到江南茶馆,就不能不提上海的茶馆。

上海是我国古代社会摆脱封建制束缚走向现代化大城市的代表。它的茶馆形成和发展,不同于古老的京城北京,也不同于"茗都"杭州,而是具有自己的地域特色。

据胡祥翰《上海小志》中记载,上海的茶楼开始于清代咸丰、同治年间。"沪上茶肆最老的为南京路之一洞天,而当时丽水台尤为著名。"丽水台茶楼高阁三层,轩窗四敞,自晨至夕,茶客如云。自南京路一洞天、丽水台茶楼开始,相继有四马路(今福州路)的华众会茶楼、阆苑第一楼、万华楼、青莲阁等。光绪二年(1876年)在棋盘街又开了"装

旧上海的茶馆

饰华丽、金碧辉煌,兼售精点糖果"的同芳茶楼,茶楼早晨有鱼生粥,晌午有蒸熟粉面等各色点心,晚上有莲子羹、杏仁酪出售。以后又有怡珍、茶居等茶楼开张。黄式权《沪游梦影》记载,四马路后来又有一层楼、万华楼、升平楼、菁华楼、乐心楼"更驾而上之,而五层楼更为杰出"。石路有百花锦绣楼,宝善街有阳春烟雨楼,大马路(即南京路)有五云日升楼,黄浦滩有天地一家春。在上海老城区著名的邑庙(老城隍庙)豫园周围,有湖心亭、春风得意楼、松风阁、招鹤亭、船舫厅、绿波廊等茶楼。清末,这里供应的龙井、雨前绿茶,价廉物美,每人一碗,或两人一壶。上等绿茶每碗26文(铜钱),中等者20文,次等者14文。除付茶资外,每茶尚须付小账(小费)3文。由于历史的变迁,上述茶楼中留传至今的只有湖心亭茶楼了。

到茶馆来的人,品茗消遣不是主要目的。绝大多数人是借茶楼为场地,进行各种社会商业活动。上茶楼的一批茶客主要是商人。每天清早,布业、糖业、豆业、钱业等各色行当的商人,都约定俗成到某一茶楼谈生意。茶楼是会晤、应酬、谈交易的好场所。商人是茶楼的固定顾客,茶楼是靠他们来维持生意的。在上海成为通商口岸后,租用房屋是个大行业。因此在这批商人茶客中,出现了一种被称之为"白蚂蚁"的经纪人,专门充当房屋顶租(租赁)的中间人,从中提取佣金。他们每天一清早就来到茶楼,到处打听谁家有房屋出租,谁家需要租赁房屋。他们借品茶的机会谈房屋出租生意。如能成功介绍一笔生意,"白蚂蚁"可从中收取10%的佣金。因此,茶馆又有"顶屋市场"的别称。

今日上海茶馆

茶馆又是游艺场,是艺人们

卖艺求生，也是百姓欣赏剧目的地方。通常是茶馆与书场合为一体。凡是到上海来说书（苏州评弹）的艺人，通常总要到邑庙的茶楼上说上几场。通常有日夜两场，

小贴士

《三笑》，知名越剧。明朝风流才子唐伯虎在苏州虎丘山游玩时，遇见相国夫人带领手下四位丫鬟前来烧香，其中的一位丫鬟秋香美貌出众，令唐才子倾心神往，而秋香临行时对唐才子的一笑、再笑、三笑，更使才子神魂颠倒。于是，唐才子假扮成平民，去相国府中当佣人，寻机接近秋香……最后，唐才子凭借其出众的个人才智及祝枝山等几位好友的协助，终于抱得美人归。

《三笑》、《杨乃武与小白菜》是当时流行的剧目。

　　京剧艺人也有到茶楼唱戏的，如上海的"丹桂茶园"、"天仙茶园"就是京剧艺人的演出场所，不少名角都是从这里唱红的。

　　茶馆五方杂处的特殊环境，使它又成为捕捉各种消息的地方。在茶客中有一种特殊身份的人，这便是上海租界特有的巡捕房里的侦探，俗称为"包打听"。他们利用茶楼人群纷杂、社会各阶层人等都有的有利环境，打听各种消息，收集情报，甚至办案。茶馆又成为巡捕房不挂招牌的分所。所以，上海的茶馆又有"包打听茶会"的别称。这些包打听，在茶馆喝茶可以不付钱，甚至借用场地也不必付房租。茶馆老板也要倚仗这批人的势力维持市面，把巡捕房作为靠山，不敢得罪他们，而要巴结他们。

　　茶馆又是百行杂业甚至是特殊行业的营业地盘。在邑庙的好几家茶楼并不以卖茶为主，有的是贩卖古董字画的捐客的聚集点，有的是算命、星相、占卜的固定场所，还有一种是养鸟人的聚会所。每天天刚亮，养鸟人便拎着各式鸟笼来茶楼"冲鸟"，楼上窗台前挂满了各式鸟

笼。阳光初上，鸟声啁啾，养鸟人一边品茶，一边听着百鸟齐鸣，茶馆变成了养鸟人的俱乐部。

茶楼又是声色卖笑处，在上海向十里洋场转变的过程中，茶楼比较早地充当了这种卖笑市场。有一批生活在社会最底层的破产人家的少女，或是自外地流向十里洋场无以为生的姑娘，借兜售瓜子、糖果在茶楼卖唱、卖身，以血泪交融的强颜欢笑，在茶楼招徕顾客，换取最起码的生存条件。徐珂《清稗类钞》记载："青莲阁茶肆，每值日晡，则茶客庸集，座为之满，路为之塞。非品茗也，品雉也。雉为流妓之称，俗呼曰野鸡。四方过客争至此，以得观野鸡为快。"

今日上海茶馆

茶馆又是争辩是非、"吃茶讲理"处。上海茶馆有"吃讲茶"的特殊用处。所谓"吃讲茶"，即因为各种纠纷而发生争执的甲乙两方，在"中人"（调解人）的参与下，到茶馆吃茶讲理，由双方进行申辩，调解人从中评判。如双方都愿和好，调解人即将红、绿两种茶混在一个碗内，双方一饮而尽，表示和好如初。但也有调解不成，以至出现推倒桌子、摔碎茶碗、大打出手的武斗场面。因此，在有些茶馆内，往往在醒目处，悬挂着一块木牌，上面写着"奉宪严禁讲茶"的字样，但一纸虚文往往阻止不了"吃讲茶"的文斗或武斗场面。

上海的茶馆与到处相比，更突出了它的经济功能，这与上海商品经济发达是分不开的。上海茶馆高雅，富有情趣，可以说是江南茶馆文化的杰出代表之一。

◇ 剑南茶馆

"剑南"，是唐朝一方镇名，开元七年（719年）设置，治所在益州（今四川成都市）。至德二年（757年），分置剑南东川节度使、剑南

西川节度使。此处代指长江上游地区,以四川为代表。

"头上晴天少,眼前茶馆多",一句简单却点睛的谚语生动勾勒出"天府之国"四川的一方风貌。

四川茶馆是巴蜀文化的一道风景线。巴蜀文化是指以巴蜀地区为依托,北及天水、汉中区域,南涉滇东、黔西,生存和发展于长江上游流域,具有从古及今的历史延续性和连续表现形式的区域性文化。

巴蜀文明是长江上游的古文明中心,孕育于新石器时代,形成于青铜时代,融合于铁器时代。秦汉以后仍保持着自身的风格与神韵,在战国青铜器、汉代画像砖、唐宋石刻造像,乃至现代造型艺术中,仍可见到巴蜀文化之遗风。长

四川名茶——峨眉毛峰

江文化与黄河文化是中华文明多元一体系统中两支各有悠久而独立始源的文化,并行生长、生存和发展,并互相交错影响、相互融汇的主体文化。长江文化作为源远流长、绵延不绝的文化体系,主要由上游的巴蜀文化、中游的楚湘文化和下游的吴越文化这三支主要文化构成。早在人类起源时代,就有巫山人和资阳人先后出现,可见其始源就具有悠久性和独特性。

特殊的地理环境,对巴蜀文明的发生、发展和演变具有重要影响。一方面,盆地四周有高山屏障,自成一个地理单元,古称"四塞之国",使它的文化面貌具有显著的地方性,即古人所谓"人情物态,别是一方";另一方面,良好的生态环境又是巴蜀文化生长、繁衍的土壤,为巴蜀农业文明和城市文明的很早兴起创造了十分有利的条件。成都平原,古称"广都之野",适宜于亚热带常绿阔叶林生长,这里自古就是山清水秀,林木葱郁,夏无酷暑,冬无严寒,适于农耕的美丽富饶之地,故有"天府之国"的美称。晋人左思《蜀都赋》曾生动地描绘巴

茶情

蜀古代生态是"原隰坟衍，通望弥博，演以潜沫，浸以绵雒，沟洫脉散，疆里绮错，黍稷油油，粳稻莫莫"，"邑居隐赈，夹江傍山，栋宇相望，桑梓接连，家有盐泉之井，户有橘柚之园"的理想的"农业国"。两者都使得巴蜀文化不可避免地具有农业文明的封闭性和静态性，但封闭中有开放的活力，开放中有封闭的观念。

土地肥沃、气候温和的天府之国培育了历史悠久的茶文化。据有关史料记载，中国茶业最初兴起于巴蜀。唐朝陆羽的《茶经》载："巴山、峡川有两人合抱者，伐而掇之。"直至唐朝中期，这种野生的大茶树在四川还是到处可见。中原饮茶亦是由巴蜀传入，据《华阳国志•巴志》载："武王既克殷，以其宗姬于巴，爵之以子……鱼盐铜铁、丹漆茶蜜……皆纳贡之。"

四川生长的亚热带常绿阔叶林

关于巴蜀茶业在我国早期茶业史上的突出地位，直到西汉成帝时王褒的《僮约》中，才始见诸记载。《僮约》有"脍鱼炰鳖，烹茶尽具"，"武阳买茶，杨氏担荷"两句。前一句反映成都一带，西汉时不但饮茶已成风尚，而且在地主富家，饮茶还出现了专门的用具。后一句，反映成都附近，由于茶的消费和贸易需要，茶叶已经商品化，还出现了如"武阳"一类的茶叶市场。至西晋，诗人张载的《登成都楼》诗云："芳茶冠六清，溢味播九区。"所谓"六清"是指古代六种饮料，就是《周礼•天官•膳夫》所谓"引用六清"。张载说成都"芳茶冠六清"，可知当时成都饮茶之盛。

清初学者顾炎武在其《日知录》中考证说："自秦人取蜀而后，始有茗饮之事。"由此可知，北方饮茶是秦统一巴蜀以后的事情。那么，巴蜀饮茶始于何时呢？对这个问题茶界持有不同见解，或认为始于"史前"，或认为是"西周初年"，迄今尚无定论。

四川是茶的故乡,具有几千年文明的巴蜀大地将中华民族的茶文化演变发展成独具特色的四川茶文化。底蕴丰富的中国茶文化源远流长,它不但融合了儒、道、佛诸家的思想精髓,更将儒家的和、敬、廉、美表现得淋漓尽致。这一切都体现在四川的"茶馆文化"中。

清代学者顾炎武雕塑

据考证,茶馆最早亦是源于四川。四川茶馆多是尽人皆知的,俗话说"头上晴天少,眼前茶馆多"即指此。在四川,不论是风景名胜之地,还是闹市街巷以及村镇之中,茶馆随处可见。这些茶馆不但价格低廉,而且服务周到,一杯香茗、一碟小吃即可消半日清闲。在与亲友纵论畅谈之中,巴蜀大地的茶文化也被体现得淋漓尽致。四川不但茶馆多,而且生意都很兴旺。

没有进过四川茶馆就不能说是到过四川。在四川,饮茶既可看做文化,但又是生活的一部分。文化常需要在伦常日用中寻求,伦常日用就是生活,而生活往往是实在而又琐碎的,充满随意性和市井气息。在别的地方,去茶馆叫做"坐茶馆"或雅称为"品茗",而在四川,则被叫做"泡茶馆"。一个"泡"字,足以让你感受到嘈杂喧闹却又生活气息浓郁的氛围。巴蜀文化所特有的农业文明的封闭性和静态性与茶馆文化的生活气息极为契合,形成了独具特色的茶馆文明。

四川茶馆大多以竹为棚,桌、椅也多为竹制,取材方便固然是一个理由,而竹的清韵与茶的清香也是相映生辉的。有时清风徐来,茶香弥漫,仿佛天上人间。有些茶馆还张贴名人字画供饮茶者欣赏。据说,这一高雅习惯始于宋代。

川人饮茶多选龙井、碧螺春以及茉莉花茶等,茶具则用较为讲究的盖碗。盖碗茶具分茶碗、茶船、茶盖三部分,各有其独特的功能。茶船既防烫坏桌面,又便于端茶。茶盖则有利于泡出茶香及刮去浮沫,若将

茶情——第五章 茶馆种种

四川茶馆离不开的——竹

其置于桌面,则表示茶杯已空,示意茶博士过来续水;倘有茶客将茶盖扣置于竹椅之上,表示暂时离去,少待即归。由此可知,精巧的盖碗茶具不仅非常美观,而且实用。

除环境的清雅、茶具的精巧外,四川茶馆中茶博士的斟茶技巧也是一道独特的风景。凡见过者,无不叹为观止。水柱临空而降,泻入茶碗,翻腾有声;须臾之间,戛然而止,茶水恰与碗口平齐,碗外无一滴水珠。在川茶馆里看茶博士斟茶实在是一种难得的艺术享受。

以上所说是四川茶馆文化中较为外在的东西,其实,四川茶馆之所以引人注目,是因为它具有更为丰富的社会功能——休闲娱乐、社交活动及调解纠纷。

四川人泡茶馆的目的之一是"摆龙门阵",借此获得精神上的满足,饮茶倒还在其次。把自己的新闻告诉别人,再从别人那里获得更多的社会信息,家长里短、国际大事都是佐茶的谈资。在熙来攘往的茶馆之中,一边品茶,一边谈笑风生,人生之乐,至此极矣。

小贴士

晚上洗脸后,用棉球蘸茶水涂抹脸部,长期使用可以消除脸上的黑斑。清晨用茶水擦抹眼部,可以消除黑眼圈。

此外,四川茶馆还是休闲娱乐场所。到了晚上,若无处消遣,就可以到茶馆去,要一杯茶,边饮茶边欣赏具有浓郁地方特色的曲艺节目,如川剧或者四川扬琴、评书、清音、金钱板等。

茶馆除了休闲娱乐之

外，也是重要的社交场所。在旧中国，三教九流相聚于此。不同行业、各类社团也在这里了解行情、洽谈生意或看货交易，黑社会的枪支、鸦片交易也多选在茶馆里进行，因为这里的嘈杂、喧闹可以提供相对安全的交易环境。"袍哥"组织的"码头"也常设在茶馆

四川茶馆

里。每当较有势力的人物光顾时，凡认识的都要点头、躬腰，为付茶钱争得面红耳赤，青筋毕露。这时，谙于人情世故且又经验丰富的堂倌就会择"优"而取，使各方满意。

至于调解纠纷，通谓之"吃讲茶"，是老成都人解决日常纠纷的一种办法。每逢茶铺里出现吃讲茶的，看热闹的最多，而最忙的要数堂倌了。茶碗一摞摞地抱来摆开，见坐下来的就泡一碗，手脚极为麻利。"吃讲茶"的关键在于当事双方各自"搬"来什么人。如果"后台"硬，即使无理也会变得"有理"；如果地位低于对方，有理也说不清楚，那只好认输把全部茶钱付了。也有双方势均力敌、僵持不下的，出面的"首人"便采取各打五十大板的办法，让双方共同付茶钱；或者他装起一副准备掏钱的架势，意在"将"双方"一军"，此刻，双方只好"和解"了事。偶尔也有一言不合，茶碗乱飞，头破血流的，最后赔偿时，打烂的茶碗、桌椅，都一齐算到"输理"者账上。

新中国成立后，四川的茶馆还增加了打牌、下棋、读书看

四川高档茶楼

报、赏花赛鸟,甚至于唱卡拉OK、看录像节目等,内容越来越时髦、新颖,但茶馆作为民间传统社交活动场地的功能始终没变。

总之,四川茶馆是多功能的,融政治、经济、文化功能为一体,大有为社会"拾遗补缺"的作用。因此,四川茶馆可以说是社会生活的一面镜子,虽然少了些儒雅,但茶的文化社会功能却得到充分体现,这也应该算是四川茶馆文化的一大特点。

◇重庆茶馆

重庆是一座具有3000多年历史的文化名城。远在两万多年前的旧石器时代,这片土地上就出现了人类的生息繁衍活动。约在三四千年前的夏商周时期,以重庆为中心地带的大片地区,已形成强大的奴隶制部族联盟,统称"巴"。周慎靓王五年(前316年),秦灭巴国,置巴郡。秦时分天下为三十六郡,巴郡为其一;汉朝时称江州;魏晋南北朝时期,先后更名荆州、益州、巴州、楚州;隋朝为渝;北宋改为恭州。宋孝宗淳熙十六年(1189年)皇子赵惇接踵于正月封恭王,二月受内禅即帝位,自喻"双重喜庆",遂将恭州升格命名为重庆府。重庆得名迄今已八百余年。

重庆,古称"渝州",亦是我国饮茶文化发源地之一。重庆人饮茶之风俗,历史悠久。唐代陆羽所著的《茶经》一书中就写道:"茶者,南方之嘉木也……巴山峡川有两人合抱者。"晋代诗人诗词中就有"蜀中饮茶冠六清"的诗句。自古重庆城就有"城门多,寺庙乡,茶馆多"之说。重庆的茶馆遍及城乡、大街小巷,坐茶馆吃茶,成为士农工商,男女老幼生活中不可缺少的部分。重庆城茶馆甚多,据1947年3月重庆《新民报》所载:"方圆不到9平方公里的半岛的城区,就有茶馆2659家之多。"足见重

重庆风光

庆人饮茶风之盛。抗战时期寓居重庆的一位作家在一篇回忆战时陪都重庆生活的文章中说："领略巴黎的风情在咖啡馆，领略重庆的风情在茶馆。写重庆，不可不写茶馆。用盖碗泡茶，泡上一碗，三朋四友，躺在竹椅上谈天，想谈多久就多久。"重庆茶馆充满了浓郁的巴渝风情。

坐茶馆是重庆人的生活习俗。家里有茶不喝，偏要到茶馆吃茶。追溯其源，除了自古沿袭的生活习俗外，与重庆地理、气候等环境也有密切关系。重庆地势陡峭，人们爬坡上坎，走得脚腿酸软；尤其是漫长酷夏炎热的气候，走得汗流浃背，口干舌燥，很自然想找个歇脚解渴的地方。往往在坡顶和石梯高处、转弯的街口就有供人歇脚解渴的茶馆。昔时整个重庆城没有公园（直到1929年始有一处占地1200平方米的"尺地寸天"的"公园"），茶馆就成为人们休憩、散心解闷的好去处。重庆城市民居狭窄，亲友来访，无法在家中接待，往往起身招呼亲友："走，茶馆吃茶去。"以茶待友、以茶会友，促膝谈心，既体面又方便。泡上一碗茶，想谈多久就谈多久，花费无几，十分实惠。

重庆人的饮茶之风，与重庆人爱摆"龙门阵"之风习密切相关。重庆人豪爽热情、幽默风趣，男女老少都喜爱闲聊，侃起来就没完没了。茶馆是人们聚会聊天的最好去处。"摆龙门阵"已成为重庆人聊天、闲谈、说故事谈家常特有的代名词。坐在茶馆，手捧香茶，无拘无束，海阔天空，天南地北，前三皇、后五帝，古往今来，无一不是摆谈的谈资。在这里可听到家中听不到的，报纸上没有的趣事和小道消息。各自倾吐发泄内心的思想感情，实在是人们调剂和丰富精神生活的一种享受，是不坐茶馆的人难以领会的乐趣。

重庆茶馆，座椅很舒适，以重庆广为出产的楠竹和"硬头篁"制作。这种竹椅轻便灵活，坐垫部分

重庆盖碗茶

茶情

重庆茶馆座椅的原料——楠竹

用篾条编成，富有弹性，柔软舒适而且扶手靠背都有，久坐不累，可正坐，可斜倚，稳定性好，闭目养神不易摔跌。竹躺椅前摆小茶几，高矮适度，端茶顺手，搁茶方便。一盏"盖碗"，慢慢品茗，想坐多久就坐多久，店主不下逐客令。如有事离开，将茶盖斜放在茶船上，堂倌就会为你保留。

各地茶馆的茶具多为壶和杯。重庆茶馆的茶具则是传统的"三件头"，即茶碗、茶盖和茶船，精巧美观。品盖碗茶方能体会巴渝茶文化的韵味。头开鲜开水泡的茶，浓汁沉在碗底，用茶盖来调节茶味，轻刮茶味淡些，重刮则茶味大上，喝时不必揭盖，放正则密封防止茶味外溢，侧放则散热凉得快些，半扣半闭浮叶既不会入口，茶水则徐徐沁入口中。金船瓷杯，慢拂盖碗，细细品茗，姿势优雅，情趣盎然。

重庆人饮茶讲究用好水，当时都用两江（重庆城区坐落在长江、嘉陵江汇合处）的江水，有的是从太平门江边滩盘处取水，店家用砂缸过滤，打起"河水香茶"的茶招儿，招徕茶客。重庆人历来喜爱色艳、味浓、耐泡而味醇的云南下关沱茶。沱茶是木模压制，外形如北方窝窝头的再制茶，具有消暑解热去腻生津的功效，深受为气候炎热所困扰的重庆人的青睐。

茶馆内专司泡茶的服务员，北方称"茶博士"，重庆称"堂倌"。不少"堂倌"技术高超，七八个茶客围着一张茶桌坐定之后，"堂倌"应声而至。他右手提着锃亮的紫铜长嘴壶，左手五指分开，夹着七八只

茶碗、茶盖和茶船，走到桌前放下水壶一挥手，叮当连声，七八只茶船满桌开花，分别就位，然后将装好茶叶的茶碗分别放入茶船，紫铜壶如赤龙吐水，各碗一一冲满，桌上一滴不洒，再依次盖上茶盖。全部动作干净利落，实属巴蜀一绝。

小贴士

茶叶里含有大量单宁酸，具有强烈的杀菌作用，尤其对导致脚气的丝状菌特别有效。患脚气的人，如果每晚将茶叶煮成浓汁来洗脚，久而久之便会不治而愈。

明末清初的重庆，随着商业繁盛和城市的发展，众多的茶馆，不仅是茶客品茗解渴的场所，同时又成为各行各业、各个阶层、三教九流的社交和交易活动的场所。

重庆露天茶馆

20世纪30年代初，重庆城各行业的同业公会都移入茶馆，全城百多个同业公会都有自己的茶馆。当年重庆商业茶馆很有特色，买卖双方购销议价用行帮暗语或在袖笼子里伸指出价还价。只见茶客穿梭往来，谈得拢就谈，谈不拢就把茶盖斜放在茶船上，起身离座去找第二家。

同时，多数茶馆又是封建行会"哥老会"（袍哥）的堂口茶馆。重庆历来就有"不是袍哥不做馆"之说，袍哥势力无所不在，不少民事纠纷、打架斗殴，人们不找警察、保长，不去法院，而是在茶馆由袍哥大爷来主持，叫"吃讲茶"，输了赔礼道歉付茶钱。

重庆还有文化人聚会的文化茶馆。文化茶馆在重庆城形形色色的茶

馆中出现较晚,是抗战陪都时期的产物。当年云集山城的文化界人士,过着清贫生活,住房困难,交朋会友找个清静的茶馆最为方便,于是街头出现招徕文化人茶客的文化茶馆。著名的有大梁子青年会的"江山一览轩"茶社、中国电影制片厂附近七星岗的"中心茶社"、中央公园的"长亭茶馆"。这类茶馆大都地点僻静,店堂雅清,有的还挂着名人字画。文化界茶馆,以茶会友,谈天说地,交往叙旧,有的作家就在茶馆写作,记者在茶馆交换新闻,赶写快讯,实是文化休息的好去处。

当年国泰电影院右侧的"新生活茶馆"就是电影戏剧界文化人聚会吃茶的地方,会仙桥的"升平茶馆"则是戏曲界和票友们聚会的场所。文化人最爱去的还是青年会的"江山一览轩茶馆"。这里高居临江的制高点上,店堂宽敞雅致,坐在临江窗前的茶座上,远眺南岸群峰叠翠,俯视窗下百舸争流,看滔滔江流,白帆点点,可欣赏临江茶馆所独具的重庆茶馆文化的韵味。著名的新闻学家顾执中在一篇游记中写道:"重庆素以'摆龙门'著称……重庆茶馆为外界了解重庆风情,提供了一个多彩多姿的文化窗口。"

重庆茶楼

重庆老茶馆店名均很雅致。地点本来设在市中心,店名却为"萃芳"、"汇江"、"阳春"之类,没有世俗烟火味。临江开设则取名"韵流"、"两江楼",真是既风雅,又贴切。

城乡茶馆,晚上多半还有川剧"玩友"坐唱川剧,俗称"唱围鼓"。这是川东乡镇茶馆中传统的文娱活动。当时的乡镇还没有电影,演戏的时间也很少,茶馆里"唱围鼓",便成了乡民欣赏川剧难得的机会,因此争相前往,门庭若市。

◇ 天津茶馆

天津自近代以来是北方的重要工商都会。

天津茶馆也叫茶楼、茶社，除正式茶馆外，集体饮茶之地在旧中国还有澡堂、妓院、饭庄、茶空摊位。天津距离北京很近，学习了北京茶馆文化的一些内容，但其主要特点还是服务于工商和通常市民。

旧时的天津茶馆

天津正式茶楼类似北京大茶馆，经常是卖茶兼有清唱、评书、大鼓、小吃。每客一壶一杯，联袂而至者可以一壶几杯。茶客三教九流，边饮，边吃，边欣赏节目。有的漆工、瓦工、木匠借茶楼来找活，一坐半天，等待主顾。茶楼也常是古玩交易之地。"三德轩"茶楼，早晨是工匠喝茶找事做的时间，中午则添唱评书大鼓。"东来轩"茶楼，早茶多是厨师，晚茶则是演员与票友联谊清唱。还有些茶楼是不同阶层的人休闲、看报、交流信息或棋友们下棋的场所。总之，天津茶楼不像北京那样分类清晰，也不像四川、杭州等地具有浓郁的地方风味特色，大多是为各方客商提供一个可以进行综合活动的场所。

过去天津的饭庄，客人到来要先上高档茶，一来表示迎客礼仪，同时也为提神开胃，吃罢茶才正式上菜。而酒饭之后则又要上茶，以便消食醒酒，并给客人稍坐休息的机会，不能一吃完饭就驱客。这是一种体现服务周到的好传统。总之，天津茶馆主要是发挥其社会经济功能。天津人用茶量很大，老天津卫讲究一日三茶，但若论文化气氛则不突显。

◇ 昆明茶馆

昆明在春秋时为滇部落领地，楚庄王时建立"滇国"；汉武帝元封二年（前109年）置益州郡；蜀汉建兴三年（225年）为谷昌县，

天津的相声茶馆

属建宁郡；西晋时更名为晋宁郡；隋、唐初为昆州。唐代南诏国于公元765年在滇池北岸筑拓东城（在今昆明城区东南部拓东路一带），设拓东节度；宋大理国时为鄯阐府；元代为中庆路，至元十三年（1276年）设"云南行中书省"于昆明。从此，昆明成为云南政治经济文化中心。明洪武十五年（1382年）改中庆路为云南府，并沿袭至清代。

云南饮茶历史悠久。饮茶从寺庙到宫廷、居家，再进入茶肆。清代乾隆时在昆明县衙门（今圆通街口）隔壁已开有茶肆，随后出现了"四合园"、"宜春园"、"三合园"、"义和宫"、"允香馆"、"陶然亭"、"息一亭"、"罗芒楼"以及"乱弹"茶铺等。

昆明附近的茶园

近代，昆明城内茶馆很多，几乎遍及大街小巷。茶馆的规模大小、简陋豪华也有所不同，可以接待不同层次的茶客。茶馆生意都很兴旺，从早晨到深夜，几乎都是满座。"太华春"、"华丰茶楼"是知名度较大的大茶馆，设施齐全，布置典雅，楼上楼下，有几十张桌子，都是荸荠紫漆的八仙桌，很鲜亮。

有些小茶馆较为简陋，到这里喝茶的人，大多是悠闲的老年人，坐进茶馆，一边喝茶，一边谈天说地、道古论今。

茶馆，也并非纯粹是消闲的地方，它还是传播民间文化，进行经济贸易的场所。评书、清唱、评弹等曲艺都以茶馆为演出场所。其中评书影响最大。过去凡稍具规模的茶馆，评书都有日、夜两场。中国古典名著《三国演义》、《水浒传》、《红楼梦》、《西厢记》、《聊斋志异》等，之所以能在民间广为流传，应归功于评书艺人绘声绘色的表演。

汪曾祺，中国当代优秀小说家、散文家。其作品内容平实，笔调淡雅。1939年夏天，年仅19岁的汪曾祺从家乡高邮只身远赴昆明投考西南

联大,师从朱自清、闻一多、沈从文等著名学者,在中文系做了四年穷学生,毕业后又在昆明教了三年中学,直到1946年8月才离开昆明。昆明的翠湖、观音寺、白马庙、青莲街、若园巷、民强巷,处处都曾留下过汪曾祺和那个动荡年代流亡学生们的足迹。而昆明的茶馆又成就了这位著名的风俗小说大师。

云南名茶——云海白毫

汪曾祺的小说和散文,有很多取材于昆明,而对茶馆的描写,尤其生动具体。关于茶馆铺面、摆设、经营特点、茶馆中的世相百态,以及联大学生与茶馆的不解之缘,都不经意地在他的笔下流淌出来。

当年,西南联大附近的文街、凤翥街有十来家茶馆。一家小茶馆仅有三张茶桌,摆着大小不等、形状不一的粗糙茶具,以及随意画了几笔兰花的盖碗。除了卖茶,檐下还挂着大串大串的草鞋和地瓜出卖。

一家绍兴人开的茶馆,主人乡音未改。独在异乡为异客,他也把外地来的联大学生当做自己的亲人,不仅喝茶可赊账,还可以借钱看电影。

在一家本地人经常光顾的茶馆里,又是一番景象。在呛鼻的叶子烟气味和茶水热气的笼罩下,本街的闲人、赶马的"马锅头"、卖柴的、卖菜的,各色人物来这里喝茶、见面、传播消息、想自己的心思。瞎眼的扬琴艺人喑哑苍凉的歌唱淹没在人们的交谈与嗑瓜子的噪声中。

当时,昆明的老式茶馆与新潮茶馆同时存在,对比鲜明。一边是本地人在茶馆里吸水烟筒,茶馆门前小摊上卖的是酸角、拐枣、泡梨、葛根等当地的土产,另一边是茶馆墙上悬着玻璃镜框,装着美国电影明星的照片,除了卖茶,还卖咖啡、可可。星期天,时髦男女们还在外国音

茶情

乐声中举办舞会。封闭与开放，本土文化与外来文化各自显示着特色，这正是战乱时代西南一隅的社会真实。

◇广州茶楼

广州茶楼按照传说，历史可谓悠久。汉高祖时，广州属南越。当时掌握南越之人赵佗颇有作为，胸怀远见，接受了汉高祖的封号，为南越王。赵佗嗜茶，且喜好每日清晨带僚属去临江的小楼煮饮。在深受爱戴的赵佗影响之下，居民饮茶渐成风习。于是广州茶楼日渐兴盛。

南越王赵佗雕塑

广州茶楼分高、中、低三档。低者称"二厘馆"，清代同治、光绪年间已遍布大街小巷，指当时在肉菜市场开设的简陋茶馆。茶价低廉，只收二厘钱，故而得名。几张桌子、几条凳子，再加一个泡茶用的石湾粗制绿釉茶壶（又叫"鹌鹑壶"），就是它的全部家当。点心只供应芽菜粉、松糕、大包等价廉的大众化食品。最古老的茶楼，据说是油栏门（今海珠南路）的怡香和六新路的福如。

之后中高级茶楼相继出现，而且鳞次栉比，人称"五步一楼，十步一阁"。这些茶楼可分为茶楼、茶居、茶室三种。茶楼也就是餐厅、酒楼，规模较大；后二者规模相对小些，但数量众多。陶陶居、陆羽居、天然居、莲香楼、惠如

用过的绿茶包风干后，经冷藏再敷脸，有美容作用。

楼、三如楼、多如楼、南园、北园等，座位都有上千个，陈设富丽，布置雅致，其服务可用郭沫若在北园的饮茶题诗为注脚："北园饮早茶，仿佛如在家。瞬息出国门，归来再饮茶。"

老辈传言，广州第一家较体面的茶楼名曰"三元楼"，建于光绪年间（1875～1909年），门面有三层，当时被称为"高楼"。其内茶具设备十分名贵，三楼茶价最高，用焗盅盛茶水，要收八厘钱。有了三元楼以后，广州才把饮茶称作"上高楼"。

广州人上高楼讲究"茶靓水滚"。"茶靓"，即茶的品质上乘，能满足茶客的不同口味；"水滚"，就是泡茶水要"滚开"，尤以煮至刚冒气泡的"虾眼水"为最好，如此才能泌出茶的真味。泡茶时，还要"悬壶高冲"，沸水飞泻入壶；倒茶时，要"茶斟八分"，以示谦和有礼。

"一盅两件"与"三茶两饭"，是广州茶楼的规矩，也是广州人的生活习惯。所谓"三茶两饭"，是在一天之内，早、午、晚茶市三次，外加午、晚饭各一。

"三茶"以早茶最为热闹，喝早茶一定要拌以可口茶点，通常"两种"，这就是"一盅两件"（一盅茶两种点心）。广州早茶通常清晨6时开始，10时结束，供应面饺、甜食、糕团，还有"凤爪"、"叉烧"、"卤肝"等佳肴。

广东的菜式和点心，品种繁多、花样百出。以其大类品种区分，就有长期点心、四季点心、星期点心、席上点心、节日点心、旅行点心、早点、午点、夜点及各式各样的招牌点心等，制作精致雅致，不断推陈出新，味美生津，且可适时而食。春暖时节，吃些浓淡适中的点心，如干蒸烧卖、蛾姐粉果；夏日炎炎，选清肠消暑之类，如广东水饺、生磨马蹄糕；

广州老字号茶楼——陶陶居

广州茶点心

清凉秋冬,自然要寻求热气腾腾又能滋补身体的蟹黄灌汤饺、瑶柱滑鸡包等。

广州的点心堪称集南北中西之精华,20世纪30年代后期,甚至出现了点心"四大天王"。现在泮溪的特级点心师罗坤,能做1000多款点心。招牌点心,也是各家自有一套。泮溪的芋角、马蹄糕,陶陶居的牛肉烧卖,北园的干蒸烧卖,都是别处分店不如此家的。

在广州茶楼,只饮茶,不吃点心,叫做"净饮",极为少见,也不受欢迎,而且收费时要"净饮双计",即每位茶价要加一倍。

浅斟低酌、腹满心足之后,就要走人了,这时只要向服务员打个招呼,就会有人走来。不同的点心不一样的价,由碟子的形状和花样区别开来,茶客吃了什么,该付多少钱,服务员一看就知道,因而广州人称饮茶结账为"睇(看)数"。

闲暇之时,去广州"上高楼",品尝"声味色香都具备"的茶水、茶点,"食在广州"的情趣便了然于胸了。

◇长沙茶馆

长沙有文字可考的历史达3000多年,殷商之时长沙属扬越之地,是百越部落的分支。春秋战国时,长沙为楚国军事重镇和重要粮食产地;秦朝设置长沙郡;汉朝时为长沙国首府;三国时属吴国;两晋、南朝称湘州;隋、唐、元称潭州;宋代属荆湖南路;明改为长沙府;清朝为湖南省省治、府治、县治所在地。

由于长沙种茶业的兴旺,导致长沙茶馆业出现"一去二三里,茶园四五家,楼台六七座,八九十品茶"的兴旺景象。

1904年,长沙辟为商埠后,茶铺茶馆居全省之首。当时,长沙著名

的茶馆有大华斋、新华楼、九如春、徐松泉、德园、洞庭春、半江楼、湘华斋等。长沙人坐茶馆,既要名茶又需美点,还要一点聆听弹词、评书之类的享受。

1906年,长沙成立"湖南商务总会",前往注册登记的大小茶馆、茶摊、茶担达200余家。这一时期,最有名的茶馆是天然台。天然台茶馆是石库门面,门顶安有一大招牌匾,上书"天然台"三个大金字,两旁抱柱上配一副湖南督军谭延闿写的楹联:"客来能解相如渴,火候闲评坡老诗。"茶柜架上陈设景泰蓝锡茶缸,缸上个个都标有一道名茶茶名,古香古色,幽雅别致。长沙茶馆里的茶具精良。醴陵的瓷器瓷质洁白,色泽古雅,自明代起就著称于世。但此类茶馆当时只为官府、贵人服务,平民鲜有问津。

抗日战争后,长沙茶馆仍有百余家。这一时期

20世纪初长沙的洞庭春茶馆

的茶馆大都设备简陋,沿街设店,饮茶者多为附近居民。其中店堂宽敞,茶点俱佳,高朋满座的有道门口的德园、西牌楼的洞庭春、八角亭的大华斋和老照壁的徐松泉,号称长沙四大茶馆。这四家茶馆基本分布在四门繁华地段,客源各有偏重。如政界及教育界人士喜欢光顾德园;工商界人士习惯聚集在大华斋;手艺工人喜欢到徐松泉交流技艺行情;行栈老板及经纪人则爱到洞庭春相会。这四家茶馆不仅茶叶各有特色,点心也别有风味,如德园包子皮薄馅足,花色齐全;大华斋的脑髓卷透油松软,入口即化;徐松泉的烧卖米糯油透,如食珍珠;洞庭春的油饼香甜滑脆,油而不腻。

长沙人爱喝早茶,天刚蒙蒙亮就有茶客上门,8点钟进入高潮。店堂

湖南名茶——高桥银峰

内此时茶客满座,谈笑风生,烟雾弥漫,声音嘈杂,但茶客们处在这种环境中,怡然自得,安之若素。

长沙茶馆的摆设,大都是清一色的方桌板凳。桌上一把茶壶,四个杯子,也就是说泡一壶茶可供四客饮用,时间不限。独饮一壶或两三人共饮一壶均可。饮茶数杯后,即上点心,包子一碟四个,两糖两菜,以作早餐,也可另点其他点心,如卷子、烧卖等,还有特制锅饺、汤包、油饼和酥合等。

◇香港茶楼

香港弹丸之地,却位居"亚洲四小龙"之一,其饮食文化亦异常繁荣。其中的精华之一就是广东式的"饮茶"。

香港产茶,其历史约可追溯到两宋时期。明代名茶有杯渡山(今屯门区的青山)的蒙山茶、凤凰山的凤凰茶、担竿山的担竿茶、竹仔林的清明茶等。其居民以广东人为主,所以最初供应茶水、茶点、大众化饭菜的茶摊、茶档就称为"二厘馆",又叫"地足馆"。营业时间为清晨天未亮至上午10点,下午3~7点。

香港开始出现了名副其实的茶楼是在1846年,似乎早于广州,但设备、气派稍有不及。其开山祖也名"三元楼",紧随其后的是"得云茶楼",为一黄姓商业巨子所开,之后此处就慢慢形成了茶

小贴士

喉头发炎,声音嘶哑,可能是感冒。就医前,用冰糖泡浓茶喝上几大杯,立刻会觉得口腔清爽;痛苦减少。

楼区。

比广州的"三茶"多一茶,香港的茶楼、酒家均供应四次:早茶、午茶、下午茶、夜茶。下午茶是香港原为英国托管,生活习惯西化的结果,时间在下午三四点钟前后,正是茶楼、酒家的空闲时期。店家为吸引顾客,此时供应的茶点要比午茶便宜。

香港早茶如同广州早茶,一样是"一盅两件"。茶点制作精细,味道鲜美,分为小点、中点、大点、特点、顶点各种等级,价钱也依次升级。较便宜的自然是小点,通常有虾饺、烧卖、叉烧包、肉包、粉果、排骨等;中点相对稍贵,为海参等海鲜菜和肠粉;顶点是珍奇的美味,有牛百叶、生肠等。客人叫的点心,未吃的可以退回。

点心原本是事先在桌子上的,现在所有的饮茶店都是把点心装在盘中或手推车上,由店员推车兜售,客人随意挑选,最后根据桌面上碟子的数量付账。

香港人的习惯,大都不回家吃午饭,而是到茶楼、酒家解决。所以香港的午茶市面最为热闹,酒楼、茶室几乎家家爆满,排队等候更是司空见惯。此时的食品种类最为丰富,各色点心不在话下,现炒的粉、面、菜、饭亦是五花八门,一应俱全。

香港这颗东方之珠到了夜幕之时愈发璀璨。香港人白天繁忙高效,晚上放松休闲,夜茶断不可少。旧时夜茶,客人在二楼点上一盅两件,聆听三楼歌坛或雅或俗的歌弦之声,悠悠长夜转瞬即逝。

香港茶楼

香港茶楼

香港的一些现代茶楼、酒家，常设有气派非凡的茶皇厅，古色古香，优雅别致，为品茗佳境。香港何文田开设的新光酒楼茶皇厅，内陈各种工艺品、茶具，并立有茶圣陆羽的巨型雕塑。每位熟客都会受赠一套名贵的宜兴紫砂壶，壶上以银链系一块镌有"贵宾"字样的小银牌。此壶置于茶皇厅特设的存壶柜中，贵客光临时取出，据客人的习惯和爱好沏好茶，再奉给客人。于此品茶，清雅、舒适、温馨、放心，怎能让人不常光顾流连！

情形与香港相似的澳门，饮茶习俗也与之相仿。茶楼每日六时开始营业，茶多为普洱、乌龙和红茶，点心多是广式，有虾饺、肠粉、叉烧、各类海鲜等，服务方式也是由服务小姐将小餐车推至茶客桌边，任意挑选。

现代茶馆建设

现代茶馆

茶馆建设分为地点选择、建筑样式、内部布局、茶室设计等几个部分。都要根据投资者的目标、资金和文化定位来决定茶馆的性质和类型，然后才能选择地址，确定风格，开工兴建，装修布置，招聘员工，进行培训。

◇ 地点选择

地点选择关系到是否有充足的客源问题。一是要选择在交通便利，客人容易到达的地方，如人气较旺的商业街，或是游人较多的风景区。要注意调查有多少条公共汽车线路通过这里，最好附近有地铁站，便于普通群众到达；还要考虑乘小车来品茶的客人是否方便停车，如果茶馆本身没有停车场地，要考虑附近是否还有停车的地方。二是要选择在环境清幽之地，不宜选在人声鼎沸的吵闹之处，就是在繁华的商业闹区，也要选择能闹中取静的地方，才能便于客人静心品茗。三是要位置优越，目标明显，容易引起客人注目。如选在游人如织的繁华商业区中心地带、旅游景点的出入口旁边，或是在风景优美的景区之中，也可选择环境清雅、居民众多的高级住宅区。

具体来说，在城市商业区内，除了有独立的门面之外，还可选择在大酒店里开办茶馆；还可选择在商务宾馆开办茶馆，这些酒店和宾馆在选址方面早已做过论证，可以利用他们现有的服务设施和充足的客源；也可选择商业购物区和旅游休闲区，如上海的城隍庙，南京的夫子庙，苏

北京的王府井大街

州的玄妙观，北京的王府井、大栅栏等；或者是选择交通集散区，如车站、码头、机场等客流量大的交通场所，客人在等候车船飞机时可以品茗休息，客源也比较充足。

如果选择在旅游景区开办茶馆，则要根据景区的特点来确定地址，主要有如下的选择：

1. 山

在风景名山的山脚、山腰、山顶等游人驻足的地方都可开办茶馆，在旅游旺季时客源充足，游人可以在此歇息、解渴和观赏风景，茶馆的正面或四周的景观必须开阔，可让客人极目远眺。

2. 泉

泡茶用水是中国茶艺的要素之一，在一些名泉旁边开办茶艺馆也是一种很好的选择。如杭州的虎跑泉、无锡的惠山泉、庐山的谷帘泉、苏州虎丘的憨憨泉等历史名泉的附近都有茶馆存在。即使不是名泉，泉水也是泡茶的好水，且所在之地大多风景优美，也是品茗赏景的理想地方。

3. 林

在山中森林旁边或竹林深处也是品茗佳处，也是茶馆的选址对象之一。在城市里也有一些公园树木参天，竹林茂盛，鸟语花香，在林中附近开设茶馆也是较好的选择。

竹林深处

4. 河

江南地区多河流，且河边风景优美。可以选择河旁、桥边，景观宜人之处建立茶馆，客人可以临窗、凭栏眺望河上景色。

5. 湖

在城市中心和郊区经常有大小不等的湖泊，湖滨地带也是开设茶馆的极佳地点，有面向湖面的，也有直接建在水上的。河面荷花映红，岸边杨柳拂绿，富有诗情画意，最宜品茗赏景。

◇ **建筑样式**

确定选址之后，就可根据具体环境和投资者开办茶馆的追求来决定

茶馆建筑样式。通常来说,茶艺是中华民族传统文化的组成部分之一,所以茶馆尽量要具有中国传统建筑的风格,建在风景区就要以园林式为主,建在城市商业区可以现代化一些,也可以选择欧式风格的建筑样式。

老舍茶馆

如果是开办文化型的茶馆,可以选择宫廷式、厅堂式、书斋式或庭院式建筑风格。

如果是开办餐饮型的茶馆,可以选择宫廷式、厅堂式、茶楼式甚至是西欧式的建筑风格。

如果是开办娱乐型的茶馆,可以选择厅堂式、茶楼式、西欧式甚至是具有咖啡厅、酒吧风格的建筑。

如果是开办时尚型的茶馆,可以选择现代化气息较浓厚的建筑风格,通常不宜采用民族风格的建筑样式。

茶馆建筑的一个重要部分是大门,必须要精心设计。门楼的风格要和茶馆名称相协调,具有浓郁的民族风格和独特的个性,既要能吸引行人的注意,还要让人过目不忘。茶馆名称通常要与茶艺精神内容有关,既能切合茶馆类型的特点,又能显示茶馆主人的高雅志趣,还要含蓄、文雅,富有艺术韵味,具有较强的感染力。请水平较高的书法家或当地名

小贴士

泡茶时,最好用茶勺而非用手抓茶。因为手抓茶破坏茶叶的清雅。

人题字，精工制成匾额，悬挂在门楼正中，配上灯光照明，能起到画龙点睛的作用。

茶馆建筑样式确定之后，就可交给专业的装修公司进行设计、施工建设，但茶馆的投资者可以提出自己的一些构思和要求，请他们参照执行，还要随时检查督促，以保证投资者的意图能够得到实现。

◇ 内部布局

现代茶馆

茶馆的内部布局也是根据茶馆的经营方向而定的。如果是文化型茶馆，因为经常进行茶艺表演、乐曲演奏，或举办讲座，召开会议等文化活动，需要有一个较宽阔的场地和表演舞台。因此茶馆的一楼（也有设在二楼的）要有一个大厅，大厅一端为表演舞台，中间可摆放若干圆桌或方桌，桌旁配有四把靠背椅，称为散座，周围通道至少有60厘米宽度，以便于客人自由进出。在大厅两旁可以设置一些类似西式咖啡座的卡座，两边各设高靠背，或用矮墙相隔。每一卡座可坐四人，两两相对，使大厅的客人都可以观看到舞台上的表演。如投资较大，可将大厅屋顶升高，在二楼的走廊环设小型雅座（类似外国歌剧院的包厢），使客人可以俯视下面大厅的表演，显得格外气派，效果更好。

大厅散座的桌子多用红木圆桌或方桌，桌椅也可用竹椅竹桌或藤椅藤桌，还有使用石雕、根雕的桌椅，甚至还有利用民俗用具改造的，如用大型陶缸装水放养金鱼，上面放块圆形玻璃板做桌子，或者利用农村石臼装水放养金鱼，上面再加玻璃板做桌子，别出心裁，富有创意。

　　迎宾和收银的服务总台通常也设在大厅面向大门的一边，便于接待和结算。服务台也是茶馆的门面之一，装修布置要高雅，通常在背后张挂名人字画，有的陈设古玩文物，更多的茶馆是摆放茶叶、茶具和茶文化书刊，供客人选购。

　　除了大厅之外，通常茶馆还要设立大小不等的茶室（也称包厢或包房），以满足不同层次的客人需要。大的可容几十人，中型可容一二十人，小型的可容四五人。大中型茶室可供客人开会、洽谈之用，室内最好安设电话、电视、电脑等设施，便于客人使用，收费自然也高一些。

　　茶馆的洗手间是客人经常光顾的地方，其设施、装饰及卫生程度如何，可以看出经营者用心与否，品位如何，会直接影响到客人的情绪和评价，千万不可掉以轻心。

　　茶馆自然要有工作间，主要是开水房和茶点房，如果是餐厅式的茶馆，则需要有一个较大的厨房，其布局与通常餐馆相同。

　　此外还要有经理办公室、员工休息室、茶叶食品贮藏室甚至还要有保安人员值班室等，根据经济条件和实际情况而定。

　　通常茶馆都要播放背景音乐，需要有安放音响器材的地方，安装好线路和音箱，让全馆各处都能收听到音乐，而且还可以分别开闭。根据季节的不同，还要安装冷暖空调。大型的茶馆最好安装中央空调，中小型茶馆则视具体情况而定，分别安装分离式小型空调。

◇茶室布置

　　除了大厅之外，所有的茶馆都有大小不同的茶室，在统一的整体风格下可以布置成各有特色的雅室，避免给人以雷同之感。如果茶馆外部是风景名胜或园林建筑，茶室的窗户宜大些，且多安装玻璃窗户，这样可以借景助情，让客人边品茗边欣赏窗外风景，享受自然之美，增添情趣。如果室外环境不雅，则用小窗，且装上磨砂玻璃，不让客人看到外面的情形。大型茶室的布置要大气典雅，有时还要添置书案，以便文人墨客挥毫泼墨。必要时要添置电视、电话、电脑，以方便客人使用。

小型茶室布置要精巧秀美，清雅脱俗，每间的装饰风格以及桌椅器具不论是样式或是色彩，最好都要各不相同，有时还要取上不同名字以示区别。可以根据茶馆名称来构思名字，分别取意思相近的字，比如用各种茶叶名称来命名，或者以著名茶区、著名风景区的名字来命名，还能以历代茶人的名字来命名，但最好不要以毫无感情色彩的阿拉伯数字来命名。

茶室中的桌椅通常以红木的为好（经济实力不够雄厚的

现代茶馆

也可用仿红木家具），也可用竹桌竹椅、藤桌藤椅，颜色淡雅，别具一格。如果是时尚型茶馆，采用欧式建筑，就可使用沙发和玻璃桌椅，或者仿制欧洲古典家具，张挂西洋油画，摆设西洋雕塑，增添一点外国情调。

茶室墙上的装饰通常以书画为好，如中式风格的茶室可以挂与茶艺内容有关的书法和国画，不宜挂多，一两幅即可。也可挂反映茶区生活和茶艺活动的摄影作品，或者在墙壁中嵌放古玩文物。有的茶馆还悬挂一些民俗文物，如蓑衣、斗笠之类，富有乡土气息，别有情趣。茶室内四周也可陈设一些根雕、竹雕、盆景、奇石和花卉等。但要留有空间，不能堆砌得太满，会给人压抑之感。

茶馆内还有一个地方不能忽略，就是走廊通道（包括楼梯）。这是客人来往经过的地方，虽然不是驻足之地，但却是必经之地，其两旁墙

壁可以悬挂一些照片、茶画、茶诗，也可镶嵌一些工艺品，或装饰一些吊兰、青藤，通路两旁也可摆放花卉盆景，增添艺术情趣，以免显得单调。

总之，茶室内的所有布置目的只有一个，就是要创造一个富有艺术情趣的品茗环境，营造艺术氛围，使客人忘却世俗的纷扰而陶醉在茶香之中。

盆景

天下第二泉

第六章

民间茶文化

饮茶原本是生活的必需品,"柴米油盐酱醋茶",人们生活离不开茶。不仅如此,饮茶还可"细啜咀华",促进人的思维;细斟缓咽,唤起人的心情;学习茶艺,升华人的精神;敬奉杯茶,拉近人们的感情距离……所以茶与人民的生活休戚相关,无处不在,人的生活是离不开茶的。

◇ 客来要敬茶

中国人认为,客来敬茶是常礼。在一杯茶中,既凝聚着中国传统文化的基本精神,又充满着中国传统文化的艺术气息。"柴米油盐酱醋茶",指出茶是人们生活的必需品,不可缺少;而"琴棋书画诗酒茶",指出茶是人们精神生活和艺术文化的享受。路边一角钱一碗的大碗茶,固然受到过往行人的欢迎,而在茶艺馆中高达百元以上的一杯茶,同样为爱茶人所喜爱,心甘情愿掏钱,两者价值相差千倍之多。这里虽然有物质投入的差别,但主要还是因为后者包含了众多的茶文化内容。

客来敬茶,它在包容物质和文化的同时,更汇聚着通常情谊,这种精神的东西却是无价的。这一传统礼仪在中国流传,至少已有一千年历史了。据史书记载:早在东晋时,中书郎王蒙用"茶汤待客"、太子太傅桓温"用茶果宴客"、吴兴太守陆纳"以茶果待客"。唐代虞世南《北堂书钞》还记载了晋惠帝用瓦盂饮茶之

敬茶

事。据史料记载，惠帝司马衷，是武帝次子，为人愚蠢，即位以后，贾后大权独揽，毒死了太子，引起了"四王"（即赵王伦、齐王同、长沙王乂、成都王颖）起事。惠帝避难出逃时，近臣随侍，即黄门散骑官用瓦盂盛茶，敬奉惠帝，被惠帝视为患难之交。

又据记述南朝史实的《宋录》载，居住在安徽寿县八公山东山寺的昙济道人，是一个很讲究饮茶的人。宋朝宋孝武帝的两个儿子去拜访昙济时，昙济道人设茶招待"新安王子鸾，鸾弟豫章王子尚"。唐代颜真卿的"泛花邀坐客，代饮引清言"、宋代杜耒的"寒夜客来茶当酒，竹炉汤沸火初红"、清代高鹗的"晴窗分乳后，寒夜客来时"等诗句，更表明了中国人民历来有客来敬茶和重情好客的风俗。

◇ 奉茶讲礼仪

客来敬茶，要讲究文明礼貌，即通过敬茶，体现出文明与礼貌。有条件的应做到饮茶的客厅窗明几净，整洁有序，桌上铺好台布，插上鲜花，使环境显得更加幽雅可亲。

按中国人的饮茶习惯，客来敬茶时，如果家中藏有几种名茶，还得一一介绍。如果是特别名贵的茶，主人还会向客人介绍一下这种茶的由来和与茶有关的故事。当然，也有的会同时拿出几种茶，让客人品尝比较，以引起客人对这些茶的兴趣与好感。从中，也增添了主客之间的亲近感。

至于泡茶用的茶具，最好富有艺术性，即使不是

小贴士

将泡过的茶叶晒干后撒在家中潮湿的地方，如床下，可以吸收湿气。

泡茶

名贵器皿，也要洗得干干净净。倘有污迹斑斑，则被视为是一种不文明的表现，是对客人的一种不恭。如果用的是一种珍稀或珍贵的茶具，那么，主人也要一边陪同客人饮茶，一边介绍茶具的历史和特点，制作和技艺，通过对壶艺的鉴赏，共同增进对茶具文化的认识，使敬茶情谊得到升华。

敬茶时，无论是客人坐在你的对面，还是坐在你的左边或右边，按中国人的礼节，都必须恭恭敬敬地用双手奉上，讲究一些的人，还会在饮茶杯下配上一个茶托或茶盘。奉茶时，用双手捧住茶托或茶盘，举至胸前，轻轻道一声："请用茶!"这时客人就会轻轻向前移动一下，道一声："谢谢!"或者是用右手食指和中指并列弯曲，轻轻叩击桌面，表示"双膝下跪"，同样是表示感谢之意。倘若用茶壶泡茶，而又得同时奉给几位客人，那么，与茶壶匹配的茶杯，其容量宜小不宜大，否则无法一次完成，无形中造成对客人的亲疏之分，这是要尽量避免的。如果壶与杯搭配相宜，正好"恰到好处"，那么说明主人茶艺不凡，又能引起客人的兴致与共鸣，实在是两全其美。

◇ 沏茶重技艺

客来敬茶，在注重礼节的同时，还要讲究泡茶的技艺。在泡茶时，最好避免用手直接抓茶，可用金属、瓷器、角质、竹木等制作的茶匙，逐壶（杯）添加茶叶。如果客人是体力劳动者，或是老茶客，通常可以泡上一杯饱含浓香的茶汤；如果客人是文人学士，或无嗜茶习惯的，通常可以泡上一杯富含清香的茶汤；倘若主人并不知道客人的爱好，又不便问时，那么，不妨按通常要求，泡上一杯浓淡适中的茶汤。这

种根据来客需要而泡茶的做法，用茶学界的行话来说，叫做"因人泡茶"。

泡茶用水必须是清洁无异味的。泡茶时，不宜一次将水冲得过满。也可分两次冲水，第一次

茶匙

冲至三分满，待几秒钟后，茶叶开始展开时，再冲至七八分满。无论用茶壶泡茶，还是用茶杯直接泡茶，切不可将壶盖或杯盖沿朝下放在桌子上，而必须将盖沿朝上，以免玷污盖沿。送茶时，也切不可单手用五指抓住壶沿或杯沿提与客人，这样做既不卫生，又缺少礼貌。

如果是宴请宾客，那么，还得敬上餐前茶和餐后茶。餐前茶通常选饮的是清香爽口的高级绿茶或花茶，以清淡一些为宜，目的在于清口；餐后茶通常选饮的是浓香甘洌的乌龙茶或普洱茶，以浓厚一些为宜，目的在于去腻助消化，还可起到解酒的作用。不过，在饭店和宾馆，用得最普遍的是餐前茶；在家庭，用得最普遍的是餐后茶。

中国人遇到喜事常以一醉方休为快。有趣的是：茶喝得过多过浓，也会"醉"。这一是因为茶叶中含有较多的咖啡因，它能刺激中枢神经系统，使人精神兴奋。如有的人与老友重逢，促膝长谈，频频饮茶，毫无倦意。"莫道清茶不是酒，情到浓时也醉人"，这种超乎寻常的兴奋状态，其实就是一种"茶醉"的表现。二是有的人平日不甚饮茶，一旦饮茶多了，或是在空腹时饮了浓茶，身体一时适应不过来，产生恶心、头晕，甚至冒虚汗等，也是"茶醉"的表现。遇到这种情况，只要吃上几块糖果，再喝几口白开水，就可以解醉了。

茶水

客来敬茶，在做到技熟艺美的同时，对敬茶者来说，还要有良好的气质和风姿。

茶情

一个人的长相是天生的,是父母的遗传因子决定的,并非自己可以选择,但自己可以通过努力,不断加强自我修养。即使一个人容貌平平,客人也可从他的言行举止,甚至衣着打扮中发现自然淳朴之美。所有这些综合因素,能充分展现一个人的个性和魅力,从而使客人变得更有情趣,很快进入饮茶的最佳境界。

一个人的谈吐表现,对饮茶气氛的影响是很大的。倘有较高的文化修养,得体的行为、举止,以及对茶文化知识的了解和掌握,做到神、情、技动人,自然会给客人以舒心之感。通常说来,敬客的是女性,则以素静、整洁、大方、淡妆为上,切忌浓妆艳抹,举目轻浮失常。如果是男士,则以仪表整洁,言行端正为好,切忌言笑粗鲁。总之,客来敬茶,要做到以茶为"媒",使主客之间焕发出自内心的情感,而最终达到亲近有加。

端茶

◇ 送茶为敬客

中国人不但有客来敬茶的习惯,而且还有送茶敬客的做法。倘若"有朋自远方来",主人敬茶时,发现客人对冲泡的茶情有独钟时,只要家中藏茶还有富余,一定要分出茶来,当即馈赠给客人。或者亲朋好友,常因远隔重洋,关山阻挡,不能相聚共饮香茗,引为憾事,于是千里寄新茶,以表怀念之情。唐代大诗人白居易的"蜀茶寄到但惊新,渭水煎来始觉珍"、宋代梅尧臣的"忽有西山使,始遗七品茶"、明代徐渭的"小筐来石埭,太守尝池州"、清代郑板桥的"此中蔡(襄)丁(渭)天上贡,何期分赐野人家"等诗句,都充分表现了亲朋间千里分享新茶佳茗的喜悦之情。其实,这种远地送茶寄亲人的风俗,时至今日,依然如故。它通过送茶这一形

式,使远方的亲朋好友能体察到朋友的情谊,进一步增加亲近感,最终达到敬客之意。

斗茶习俗

斗茶,又称茗战,它是古代以饮茶的形式,指用战斗的姿态,品评茶叶优劣的一种方法。斗茶时,既要讲究茶品,又要注意水质,还要重视技艺,可谓中国古代饮茶的集大成。这种品饮茶的方式,一直流传至今,仍常为民间采用。

郑板桥雕塑

◇斗茶的兴起

斗茶的兴起,在很大程度上与中国推行的贡茶有关。贡茶是指古代进奉给包括皇帝在内的皇室饮用之茶。晋代常璩的《华阳国志·巴志》载,周武王伐纣时,巴国已将茶与其他珍贵产品纳贡给周武王。但据宋代寇宗奭《本草衍义》载,贡茶始于晋代,说:"晋温峤上表,贡茶千斤,茗三百斤。"南朝宋时,《吴兴记》则记有:乌程县二十里有温山,出产御茶。

不过,在唐以前,虽有贡茶之说,但并未形成一种制度。而唐时,不但各地名茶入贡,而且还于唐大历五年(770年),在浙江长兴顾渚山设贡焙;至会昌中,贡额达18400斤。《新唐书·地理志》中提及唐代贡茶产地达17州之多,最有名的是江苏宜兴的阳羡、浙江长兴的紫笋茶和四川雅州的蒙顶茶。宋代贡茶更盛。入宋以后,宋太祖首先移贡焙于福建建州的北苑。据《宋史·食货志》载:"建宁腊茶,北苑为第一。其最佳者曰社前,次曰火前,又曰雨前,所以供玉食、备赐予。爽平兴国始置。大观以后制愈精,数愈多,胯式屡变而品不一。"明洪武初,明

茶情——第六章 民间茶文化

明太祖朱元璋

太祖朱元璋罢团茶改贡茶。据明代谈迁《枣林杂俎》载：明代有四十四州县产贡茶。这种贡茶制度一直承沿到清代。

由于贡茶制度的出现，它在带给人民群众深重苦难的同时，却在一定程度上促进了名茶的开发和采茶制茶技术的提高，甚至还为一部分人投机取巧、讨好皇上提供了机会。北宋的蔡襄在《茶录》中亦谈道：斗茶之风，先由唐代名茶、南唐贡茶产地建安兴起。于是这样就出现了斗茶。用斗茶斗出的最佳产品，作为贡茶。所以说，斗茶是在贡茶兴起后才出现的。

◇ 因何斗茶

因何斗茶？北宋范仲淹的《和章岷从事斗茶歌》说得十分明白："北苑将期献天子，林下雄豪先斗美。"为了将最好的茶献给皇室，达到晋升或邀宠，斗茶也就应运而生。北宋苏东坡《荔枝叹》诗曰："武夷溪边粟粒芽，前丁后蔡相笼加；争新买宠各出意，今年斗品充官茶。"这里的"前丁后蔡"，说的是北宋太平兴国初，福建漕运使丁谓和福建路转运使蔡襄。自唐至宋，贡茶进一步兴起，茶品愈益精制。再通过斗茶，将最好的斗品，充做官茶。据北宋欧阳修《归田录》载："茶之品，莫贵于龙凤，谓之团茶，凡八饼重一斤。庆历中，蔡君谟（襄）为福建路转运

范仲淹雕塑

使,始造小片龙茶以进,其品绝精,谓之小团,凡二十饼重一斤,其价值金二两。然金可有,而茶不可得,每因南郊致斋,中书、枢密院各赐一饼,四人分之。宫人往往镂金花于其上,盖其贵重如此。"

宋时,贡茶称之为龙凤团饼,又有大小之分,还镂花于其上,精绝至止。大龙团初创人为丁谓,曾在北苑督造贡茶。而其后的蔡襄,为了博得皇帝的喜欢,在督造福建贡茶时,又在大龙团的基础上改造小龙团。大龙团原本已是八饼一斤,小龙团却是二十饼一斤,其目的正如苏东坡所说,为的是"相宠加"。结果丁谓终于官至为相,封晋国公。蔡襄召为翰林学士、三司使。

不仅如此,而且还有因献茶得官的。为了博得皇上欢心,更有到处斗茶搜茗,掠取名茶进贡,为此升官发财的。据宋代胡仔《苕溪渔隐丛话》载:"郑可简以贡茶进用,累官职至右文殿修撰、福建路转运使。"后来其侄也仿效郑可简"千里于山谷间,得朱草香茗,可简令其子待问进之。因此得官"。其时,又遇宋徽宗赵佶好茶,宫中盛行斗茶之风。为迎合皇室,郑可简还督造"龙团胜雪"(茶),他儿子又将"朱草"(茶)送进宫廷,走升官捷径。这件事,一直被后人讥讽:"父贵因茶白(宋代茶以白为贵),儿荣为草朱。"

◇ 斗茶的方式

北宋的范仲淹《和章岷从事斗茶歌》,专门有一段写斗茶情景的:"鼎磨云外首山铜,瓶携江上中泠水。黄金碾畔绿尘飞,碧玉瓯中翠

用完的红茶茶叶用来做面膜,有美容作用

涛起。斗茶味兮轻醍醐，斗茶香兮薄兰芷。其间品第胡能欺，十目视而十手指。胜若登仙不可攀，输同降将无穷耻。"这里明白无异地告诉大家：因为斗茶是在众目睽睽之下进行的，所以茶的品第高低都会有公正的评论。而斗茶的结果，胜利者得意"如登仙"，而失败者则犹如"降将"，是一种耻辱。对如何斗茶，宋代唐庚在《斗茶记》中写得十分清楚：斗茶者二三人聚集在一起，献出各自珍藏的优质茶品，烹水沏茶，依次品评，定其高低。表明斗茶是评定茶叶的一种方法。

综合宋代有关茶著斗茶的方式，其方法大致如下：

（1）炙茶。陈饼茶用"沸汤渍之"，去除膏油，再用微火炙干。新茶，则可免去炙茶。

宋代斗茶常用的黑盏

（2）碾茶。用纸包住茶饼，捶成小块，再用茶碾碾成细末。

（3）罗筛。即过筛，将粗粒重新碾后再筛，直至茶全部过筛。

（4）候汤。要掌握烧水程度，汤嫩则"沫浮"，汤老则"茶沉"。

（5）烘盏。加热茶盏，以发挥"点茶"的最佳效果。

（6）点茶。先投茶，后注汤，再调膏。

（7）品比。按宋代对茶品的要求，斗茶胜负的标准决定于两条：一是比茶汤的色泽，以白为上；二是比汤花紧贴盏壁，即"咬盏"时间的长短。

斗茶不同于唐代陆羽提倡的，以精神享受为目的品茶。在宋代斗茶都是饮茶大盛的集中表现，上达皇室，下至百姓，都乐于此道。宋徽宗赵佶，他以皇帝之尊，写就《大观茶论》一册，开创了世界以一国之尊撰写茶书的先河。他在书的"序"中写道："天下之士，励志清白，竟为闲暇修索之玩，莫不碎玉锵金，啜英咀华，校箧笥之精，争鉴裁之妙，虽下士于此时，不以蓄茶为羞，可谓盛世之清尚也。"在这种情况

下，不仅帝王将相、达官贵人斗茶，骚人墨客斗茶，市井细民、浮浪哥儿同样也爱斗茶。宋代的李嵩、史显祖，元代的赵孟頫，明代的唐寅均绘有斗茶图，这些画卷，均展现了斗茶的风采。

与此同时，一些与斗茶有关的逸事，也为后人传闻。流传最广的，就是有关"苏蔡斗茶"的故事。这里，苏是指北宋福建路提点刑狱苏舜之，即才翁。"蔡"是指

宋代斗茶图

北宋福建转运使蔡襄，即蔡君谟。苏蔡两人均爱斗茶。宋人江休复《嘉祐杂志》记有蔡襄与苏舜之斗茶的一段故事：蔡襄斗试的茶，选用的水是天下第二泉——惠山泉；苏舜之所取茶劣于蔡襄，却是选用了天台山竹沥水煎茶，结果苏舜之胜了蔡襄。

蔡襄还善于茶的品评和鉴别。他在《茶录》中说："善别茶者，正如相工之瞟人气色也，隐然察之于内。"他鉴定建安名茶石岩白，一直为茶界传为美谈。彭乘《墨客挥犀》记："建安能仁院有茶生石缝间，寺僧采造，得茶八饼，号石岩白，以四饼遗君谟，以四饼密遣人走京师，遗内翰禹玉。岁余，君谟被召还阙，访禹玉。禹玉命子弟于茶笥中选取茶之精品者，碾待君谟。君谟奉瓯未尝，辄曰：'此茶极似能仁石岩白，公何从得之？'禹玉未信，索茶贴验之，乃服。"北宋欧阳修深知君谟嗜茶爱茶，在请君谟为他书写《集古录目序》时，以大小龙团和惠山泉水作为润笔费。蔡襄称此举是"太清而不俗"。蔡襄年老因病忌茶时，仍"烹而玩之"，茶不离手。

◇斗茶的影响

不过，斗茶也促进了茶类的发展，以及茶叶品质的不断提高，所以，这种做法自宋以来，一直流传至今。近代，只是由于生活节奏的加

快，人们忙于奔波，特别是在一些青少年中，难以有较多时间去享受玩味品茗的乐处。尽管如此，人们还是愿意忙里偷闲，在休闲日约上二三知己，或全家聚坐，品味一下茶中极品，也别有一番情趣。当今，我国各产茶省区召开的名茶评比会，其实就是古代斗茶会的延续。所以，有的就干脆称作斗茶会，这对创制和发掘名茶，改进制茶工艺，提高茶品，都有着积极的作用。

日本斗茶会

另外，斗茶对东邻日本和韩国的饮茶也产生了重要的影响。特别是日本。据记载，其斗茶之始，以辨别本茶和非茶为主，这可能是受当时宋代斗茶中辨别北苑贡茶和其他茶区别的影响。当时，日本斗茶有十种方法，赢者可以得到中国产的"文房四宝"。

又据日本《元亨释书》载：在延德三年（1491年），还进行过"四种十服法"斗茶。就是在斗茶前，先有三种茶让斗茶者品尝一下，以后在十次品尝斗茶过程中反复出现，唯第四种茶只出现过一次。最后看谁能分辨清楚。这种方法与中国的斗茶相比，更有情趣，也更加复杂，它对以后日本茶道的形成，也产生了重要的影响。

古代烹茶方式，有"唐煮宋点"之说，即唐人品茶以煮茶为主，而到宋代时，茶的品饮技艺，已由唐代的煮茶发展为点茶。而点茶是一项技艺性很强的沏茶方式。在点茶过程中，茶汤浮面出现的变幻，又使点茶派生出一种游戏，古人称之为分茶，亦称茶百戏，实是一种沏茶游戏。所以，点茶与分茶（茶百戏），可以说是一根藤上的两个瓜，是相互联系在一起的。

◇点茶及其要领

点茶的要求很严，技术性也很强。所以古人有"三不点"之说，即点茶时，泉水不甘不点，茶具不洁不点，客人不雅不点。宋代胡仔《苕溪渔隐丛话》载："六一居士（欧阳修）《尝新茶诗》云：'泉甘器洁天色好，坐中拣择客亦佳。'东坡守维扬，于石塔寺试茶，诗云：'禅窗丽午景，蜀井出冰雪。坐客皆可人，鼎器于自洁。'正谓谚云'三不点'也。"

茶水

至于点茶技艺要求很高，苏东坡有诗云："道人晓出南屏山，来试点茶三昧手。"

说北宋杭州南屏山净慈寺中，高僧谦师妙于茶事，品茶技艺高超，达到得之于心，应之于手，非言传可以学到者。因此，人称谦师为"点茶三昧手"。

北宋史学家刘贡父也赠谦师诗一首，曰："泻汤点茶三昧手，觅句还窥诗一斑。"明代韩奕亦有诗曰："欲试点茶三昧手，上山亲汲云间泉。"表明点茶比唐人的煮茶，更加讲究技艺。虽然宋代品茶方式也有采用煮茶的，但"茶之侍者，皆点啜之"。这种技艺高超的点茶方式，是宋代品茶大成的集中表现。

点茶时，先要选好茶饼的质量，要求"色莹澈而不驳，质缜绎而不浮。举之凝结，碾之则铿然，可

将茶水加热可清除呛人的烟味

茶饼

验其为精品也"。也就是说,要求饼茶的外层色泽光莹而不驳杂,质地紧实,重实干燥。点茶前,先要炙茶,再碾茶过罗(筛),取其细末。再候汤(选水和烧水)而后将细末入茶盏调成膏。同时,用瓶煮水使沸,把茶盏温热。认为"盏唯热,则茶发立耐久"。调好茶膏后,就是"点茶"和"击沸"。

所谓点茶,就是把茶瓶里的沸水注入茶盏。点水时,要喷泻而入,水量适中,不能断续。而点沸,就是用特别的茶筅,形似小扫把,边转动茶筅,边搅拌茶汤,使盏中泛起"汤花"。如此不断地运筅、击沸、泛花,使点茶进入美妙境地。时人称此情此景为"战雪涛"。这是因为宋人崇尚白色茶汤。所以,"战雪涛"其实就是通过点茶和击沸,使茶汤面上浮起一层白色浪花。凡盏内茶汤表层白色有光泽,且均匀一致,而汤色保持时间久者,当为"上品";若汤花隐散,茶盏内出现"水痕"的为"下品"。

据蔡襄《茶录·点茶》载:"钞茶一钱七,先注汤,调令极匀;又添注入,环回击沸,汤上盏可四分则止。"按晚唐称量1钱约4克计,则点茶的用茶量约为7克。点茶的茶器有茶焙、茶笼、砧椎、茶铃、茶碾、茶罗、茶盏、茶匙、汤瓶等。在整个点茶过程中,其中候汤最难,据罗大经《鹤林玉露》载:"汤欲嫩,而不欲老。""盖汤嫩,则茶味甘,老则过苦矣!"而最为关键的则是点茶。据宋徽宗赵佶《大观茶论》载,

宋徽宗

点茶要做到"量茶受汤,调如融胶",点茶之色,以纯白为上;追求茶的真香、本味,不掺任何杂质;注重点茶的动作优美,协调一致。但凡精于点茶者,称之为"善点茶"或"点茶三昧手"。

◇分茶及其影响

分茶,在唐及唐以前,原本是一种烹茶时的待客之礼。到了宋代时,斗茶大行。斗茶融入了分茶技艺,使茶汤表面变幻出各种纹饰,于是又出现了一种点茶游戏,这就是分茶,又称茶百戏。茶百戏的影响,几乎波及全国,而且还影响到东邻日本等国,可谓影响深远,名声远播。

1.何谓分茶

分茶一词,最先见于唐代韩翃《为田神玉谢茶表》:"吴主礼贤,方闻置茗;晋臣好客,才有分茶。"表明分茶是一种待客之礼。宋初,沿袭唐人习俗,煎茶用姜、盐,不用者则称分茶。以后,又逐渐将分茶演变成为一种游戏。

宋代胡仔《苕溪渔隐丛语》载:"分试其色如乳,平生未尝曾啜此好茶。"进行时,表明分茶结合点茶同时进行。"碾茶为末,注之以汤,以筅击沸",使茶汤表层浮液幻变成各种图形或字迹。陶谷《荈茗录》载:"近世下汤运匕别施妙诀,使汤纹水脉成物象者,禽兽、虫鱼、花草之属,纤巧就画,但须臾即就散灭。此茶之变也,时人谓之茶百戏。"

这表明分茶是宋人点茶时派生出来的一种茶艺游戏,原先主要流行于宫廷闺阁之中,后来扩展到民间,上至帝王下至庶民都玩。据宋代重臣蔡京《廷福宫曲宴记》载:宴会上宋徽宗亲自煮水点茶,击沸时运用高超绝妙的手法,竟在茶汤表层幻画出"疏星朗月"四字,受到众臣称颂。不过,分茶虽出自斗茶中的点茶,着重点不在于斗出好的茶品,而通过"技"注重于"艺",这个"艺",就是使茶汤表面显现出变幻的纹饰。但又不同于纯艺术的游戏,似乎两者的因素都

宋代蔡京

宋代杨万里雕塑

有，即游戏中进行沏茶，沏茶中包含有游戏。

2.分茶造成的影响

分茶，主要流行于宋、元时期，也可以说是一种茶艺术。分茶带来的影响是很大的，特别是给佛教造成了深远的影响。

相传，古时有一名叫福全的和尚，善于点茶注汤，能使茶汤表面变幻出诗句来。倘若四盏并点，则会使四盏汤面各现一句诗，最终凑为一首绝句。一次，有人求教，他当场分茶，结果在四个茶盏中，各现诗一句，凑起来即是："生成盏里水丹青，巧画工夫学不成。欲笑当年陆鸿渐，煎茶赢得好名声。"他笑人间"学不成"此等功夫，还暗自讥讽唐代"茶圣"陆羽也无此功夫。表明分茶虽以点茶为基础，不过其"技"应在点茶之上。

宋代杨万里曾在《澹庵坐上观显上人分茶》一诗中，记述了宋代高僧显上人的高超分茶技艺。他说：

分茶何时煎茶好，煎茶不似分茶巧。
蒸水老禅弄泉手，隆兴元春新玉爪。
二者相遭兔瓯面，怪怪奇奇真善幻。
纷如擘絮行太空，影落寒江能万变。
银瓶首下仍尻高，注汤作字势漂姚。
不须更师屋满法，只问此瓶响作答。
紫薇仙人乌巾角，唤我起看清风生。
京尘满袖思一洗，病眼生花得最明。
汉鼎难调要公理，策勋茗碗非公事。
不如回施与寒儒，归续《茶经》传纳子。

不仅如此，佛教界还将分茶宗教化。就是将分茶时茶汤表面出现的泡沫景象和特异情景，与佛教的意念融洽在一起。最富灵验的是浙江天台山的"罗汉供茶"。

宋景定二年（1261年），宰相贾似道命万年寺妙弘法师建昙华亭，供奉五百罗汉。分茶时，供茶杯汤面浮现出奇葩，并出现"大士应供"四字。后来，众多诗人吟咏这一"罗汉供茶"奇事。宋代诗人洪适称："茶花本余事，留迹示诸方。"元瑞曰："金雀茗花时现灭，不妨游戏小神通。"

这种"罗汉供茶"出现的神灵异感，传至京城汴梁（今河南开封），连仁宗皇帝赵祯也感动不已，认为这是佛祖显灵，下诏："闻天台山之石桥应真之灵迹俨存，慨想名山载形梦寐，今遣内使张履信赍沉香山子一座、龙茶五百斛、银五百两、御衣一袭，表朕崇重之意。"表明分茶的声誉影响之深。

北宋天台山国清寺高僧处谦，还将天台山方广寺内的分茶灵感，带到杭州，给时任杭州太守的苏东坡察看，苏氏大为赞叹，赋诗曰："天台乳花世不见，玉川（卢仝）风腋今安有？东坡有意续《茶经》，会使老谦名不朽。"

天台山分茶，也影响到东邻日本。宋乾道四年（1168年），日本佛教临济宗创始人千光荣西法师来天台山学佛，对石桥"罗汉供茶"作了考察记录。宋淳熙十四年（1187年），荣西第二次来天台山，师从天台山万年寺虚庵怀敞法师，在长达两年多的时间里，每年总要深入万年寺和石桥茶区，考察茶事。宋绍熙二年（1191年），荣西回国，后经精心研究，写成日本国第一部茶书《吃茶养生记》。他对天台山石梁"罗汉供茶"亦有记载："登天台山，见青龙于石桥，穆罗汉于饼峰，供茶汤现奇，感异花于盏中。"

天台山国清寺

宋宝庆元年（1225年），日本高僧道元来天台山万年寺求法，回国时又将天台山石梁"罗汉供茶"之法，带回日本曹洞宗总本永平寺。据《十六罗汉现瑞华记》载："日本宝治三年（1249年）正月一日，道元在永平寺以茶供养十六罗汉，午时，十六尊罗汉皆现瑞华。现瑞华之例仅大宋国天台山石梁而已，本山未尝听说。今日本数现瑞华，实是大吉祥也。"

日本佛教界，把中国天台山分茶法带回日本后，将在分茶时茶汤表层浮现的异景，称之为瑞华（花），视之为吉祥。所以，分茶的影响，不仅波及全中国，而且还产生了深远的国际影响。

黄山茶区

中国茶山众多，千姿百态，茶山之茶俗也色彩纷呈。

茶的本质功能，最原始、最纯正的作用当然是饮用。然而就是这种单纯的饮用习俗，天下名山茶区也不尽相同，各有千秋。譬如天目山脉、黄山山脉茶区说是"品茶"，武夷山脉茶区说是"啜茶"，蒙顶山、峨眉山茶区说是"喝茶"，六大茶山茶区说是"吃茶"。虽是一字之差，却有万种情怀。

◇黄山茶区的品茶

天目山脉、黄山山脉茶区涵盖范围极广，长江中下游流域几乎都可包含在内，长三角茶区更是中心茶区。这个地区的人们饮茶，以绿茶为主。饮用时讲究茶品、用水、技巧、器皿，有的甚至讲究环境，至于斟茶、奉茶的礼俗更多。

品茶品名茶，龙井、毛峰、猴魁、毛尖、屯绿等，是这个茶区首选的茶品。这些名茶无疑属于大名鼎鼎的高档茶，几乎都有形美、味醇、汤亮、香浓的特点，历代文人骚客吟诵的诗文佳作颇多，数不胜数。选择这些茶，无疑折射出饮茶者的品位。

小贴士

用湿的茶叶能去掉容器里的腥味和葱味。

好茶要好水。这个茶区泡茶取水，习惯是山泉为上、河水为中、井水为下，即使到了今天，自然环境虽有退化，人们便改以矿泉水、纯净水泡茶。总之，对用水的态度，丝毫不含糊。

黄山茶区的人看重技巧。泡好一杯茶，学问不少，水温多少，茶量多少，投茶时间，动作次序，均有学问，马虎不得。当地人不惜费时费资去苦学苦练，甚至把学习泡茶技法当做都市潮流。

好茶配好器。这个茶区泡茶，几十年前习惯采用寓意"天地人合一"的三接头盖碗，胎细形巧画美，艺术性极强，此外还有茶壶、茶碗，也绝对是入流的佳品。如今社会进步了，时尚的紫砂登堂入室，造型、工艺考虑多，显示的是品位。当然更为普及的是白瓷杯、玻璃杯、不锈钢杯等，传统和现代的都有，琳琅满目，美不胜收。

好茶更要好情调，长江中下游地区都市茶馆层出不穷，装饰华丽，品位高雅。尤其在夜幕下，茶客如云，熙来攘往，大有灯红酒绿、纸醉金迷的奢靡之风开吹之感。

再来说品茶。一个"品"字提出多少苛求，寄托多少情感，营造多少

黄山风光

第六章 民间茶文化

风景，积淀多少文化。

这个茶区尊茶重茶，茶情日浓，茶俗日盛，融入日常生活，更是多姿多彩。长辈做寿，晚辈送茶叫"寿茶"；建房架梁，梁上悬茶叫"发茶"；新娘进门，先后要吃"莲子茶"、"枣子茶"、"桂圆茶"，总的叫做"三道茶"；儿童入学，喝杯清茶，叫"状元茶"；新年喝茶，江浙叫做元宝茶，皖南徽州叫发利市；清明喝茶叫清明茶，栽秧喝茶叫开秧门茶，新婚端茶叫新娘茶。江浙一带尤其重视端午茶，选用苍术、柴胡、藿香、白芷、苏叶、神曲、麦芽、红茶等压成小包，泡服或煎饮，以取其祛风散寒、消食和胃的功能。

黄山茶区四季更迭另有节令茶，夏天放佩兰、藿香、淡竹叶、薄荷等；金秋放金橘、橄榄、白菊花；严冬放干橘皮。其中杭州一带，新茶上市，祭罢祖先，还要将新茶和糕团赠给亲友。明代《西湖游览余志》载："立夏之日，人家各烹新茶，配以诸色细果，馈送亲戚毗邻，谓之七家茶。富室竞侈，果皆雕刻，饰以金箔，而香汤名目若茉莉、林檎、蔷薇、桂蕊、丁檀、苏杏，盛以哥汝瓷瓯，仅供一啜而已。"由此可见，茶风劲吹由来已久。

◇ **武夷茶区的啜茶**

武夷山茶区，乃至更大范围，喜欢饮用乌龙茶。饮用乌龙茶关键在一个"啜"字，"啜"字的内涵在三个层面。一是考究茶具，火炉、紫砂壶、茶荷、公道杯、茶盘、茶巾、香炉、熏

武夷茶区

香等，阵容不小。至于具体选用多少茶具，可以视饮者嗜好而定，但关键的器件，如茶壶、茶荷、公道杯是必不可少。二是讲究冲泡程序，泡前要温壶，注水要高冲，茶汤要刮去浮沫，或者倒去第一道茶汤，泡完再淋壶，叫"壶外追香"，而后注汤入杯，叫"关公巡城"，讲究的还要将最后几滴茶汤，依次分配到各个杯中，叫"韩信点兵"。三是讲究品饮质量。所谓"啜茶"，要求用右手食指和拇指夹住茶杯口沿，中指抵住杯底圈足，先看茶汤色泽，再闻茶汤香气，而后轻轻啜饮。如此啜茶，不但满口生香，而且韵味十足，只有这样，才能真正领略乌龙茶的真谛。

家家备茶具，人人演茶艺，这就是武夷茶风。尤其茶店更是如此，热情邀客，免费供茶，一缕茶香慰嘉宾，乌龙茶香氤氲远。

安溪是闻名中外的茶乡，茶风世代相袭，自然积淀成独具特色的茶俗。安溪人极热忱，以茶交往是常情。客人进门，主人便支起茶炉，烹茶以备，故有"安溪人真好客，入门就泡茶"之说。亲朋好友走动，礼尚往来交谊，首选礼品也是本地的乌龙茶，故又有"未讲天下事，先品观音茶"之说。安溪茶俗很丰富，有婚姻茶俗，以茶为礼；有丧事茶俗，以茶为祭；有敬佛茶俗，以茶为尊，还有茶王赛。每逢新茶登场，茶农携茶按形香色味当众"决斗"，赛出茶王，敲锣打鼓送回家，风靡一时。

一个"啜"字，啜出多少韵味，多少风景。

◇ 峨眉茶区的喝茶

蒙顶山、峨眉山茶区的人们饮茶，美其名曰"喝"盖碗茶。

盖碗茶俗称"三件套"，由托、碗、盖组成，是中国传统的饮茶方式，曾经是重要的饮茶器具。今天的峨眉茶区，盖碗仍旧魅力不减，不但见之于茶馆，而且风行于家庭，传统的饮茶习俗，生机依旧盎然。

盖碗茶重在"喝"，体验"喝"的韵味，关键在五道程序：一是净

峨眉山风光

具：温水洗净碗、托、盖；二是置茶：取沱茶、花茶、绿茶任意一种，通常投两三克；三是沏茶：初沸水冲茶，至七八分满，盖住待品；四是闻茶：闷泡三四分钟，待茶汁渐出，以左手提托，右手掀盖，近嗅闻香；五是品尝：用碗盖刮去汤面浮片，随即慢慢品味。

巴渝天府地，饮茶风盛，历来有"中国茶馆数四川"之说。一张小方桌，几把竹靠椅，随意几位茶客，就可摆起龙门阵，天南地北，古今中外，话题全在茶中过。

吸引眼球的盖碗茶，离奇之处在于泡。沏泡盖碗茶，真要有功夫。茶博士手持长嘴铜茶壶、锡碗托、青花盖碗，大步流星出场，右手一把壶，左手一摞托和碗，左手飞扬，茶托、茶碗逐个飞出，顾客面前各一套，动作之速，令人眼花缭乱。投茶后是冲水，茶壶举在一米外，一片闪亮，一道水柱凌空下，不偏不倚，全部滗入茶碗中，不多不少，恰好七分满。茶博士再跳将过来，小拇指一挑，碗盖活动起来，严严实实扣

在茶碗上。

如此盖碗茶，一个"喝"字怎能了得，茶不醉人人自醉。这叫喝出闲趣，喝出享受，喝出风景，喝出文化。

◇云南茶区的吃茶

六大茶山尽在西双版纳，这里居住着傣族、基诺族、布朗族、拉祜族等许多民族，他们将茶奉为神灵，在种茶、加工、礼仪、祭祀等方面形成了独有的风俗。如傣家人定亲要喝

云南茶树

定亲茶，基诺族"特懋克"节庆，要用火烤茶叶祭大鼓，哈尼族则将茶叶称为"诺博"，含意是奉献吉祥、祝愿兴旺，布朗族至今保留着祭祀茶树、祭祀祖先的习俗。

以茶祭祀，是版纳少数民族的茶风。至于他们日常生活中"吃茶"习俗，更是千姿百态，各具风采。

傣族最爱竹筒茶和火笼茶。竹筒茶是将晒干的春茶，或经初加工的毛茶，装入当年生长的嫩竹筒中，再将竹筒放在火塘三脚架上烘烤，六七

小贴士

基诺族是一个古老的民族。1979年6月经确认，成为中国的第56个民族。基诺族自称"基诺"，意为"舅舅的后代"或"尊敬舅舅的民族"。主要分布在云南省西双版纳傣族自治州景洪县基诺乡，其余散居于基诺乡四邻山区。主要从事农业，善于种茶。使用基诺语

分钟后，筒内茶软化，用木棍塞紧，填满再烘。如此反复多次，直至茶满压紧为止。饮用时剖开竹筒，取茶待泡。泡时掰下少许竹筒茶，放入茶碗，冲沸水七八分满，三五分钟后，便可饮用。烤茶是先在碗中放上花椒、生姜、桂皮、盐、香糯叶等调味品，然后倒上茶汤。

布朗族青竹茶

基诺族喜爱凉拌茶：将新鲜茶叶揉碎，放入大碗，加清水、辣椒、盐等作料浸泡，讲究的还要加入黄果叶、酸笋、酸蚂蚁、大蒜等，用基诺族的话说，叫做"拉拔批皮"。味道是酸、辣、辛、咸、苦皆有，味中透着鲜香，不但可作茶饮，且可作下饭凉菜。

世居于基诺山的基诺族，在远古时代就发现了茶的价值，形成了浓厚的原始茶文化，其影响一直延续到今天。

哈尼族习惯喝浓茶，但做法很奇特：先将老茶树叶子洗净，再放入甑子里蒸熟晒干，使用时先放到火塘上烤，烤香后再泡茶。这样做出的茶，茶味醇厚，茶香清纯，有提神醒脑之功效。哈尼族支系食用一种蘸水茶：用辣椒、盐巴、清水等物做蘸水，将新鲜茶叶洗净，在蘸水中蘸食。有时又将鲜叶晒几小时，放清水中泡几天，去掉涩味，再用辣椒、盐巴等物拌食。

布朗族爱喝青竹茶和酸茶。制作青竹茶，是在进山干活时，砍来一节香竹筒，放进茶叶，装满清泉水，然后放进火堆里烧。在等待烧茶时，再找来香竹，砍成一节一节的小竹筒，底部削尖插在地，成为奇妙的高脚杯。竹筒里的水烧开，茶便煮好了。将茶从竹筒倒入插在地上的高脚杯，人们拔杯而饮，就可品尝这种集山泉清冽、茶叶和鲜竹清香于一杯的竹筒茶了。制作酸茶是雨天采鲜叶，采回后煮熟，放阴暗处十余日，使其发酵变酸，再装入竹筒，埋入地下，月余取出食用。

拉祜族习惯吃烤茶,做法是取小陶罐放在火塘上烤热,再放适量茶叶均匀拌烤,至叶色转黄,发出焦糖味为止。沸水冲入陶罐,泼掉上部浮沫,再注沸水煮三五分钟。茶水倒入茶碗,即可食用。

拉祜族烤茶

一个"吃"字,款式多多,内容多多,吃出多少质朴,吃出多少民俗,吃出多少风味。

第七章

名人茶情

自从茶进入人们的日常生活,特别是从唐、宋开始,饮茶成为一门艺术后,它就成为文人士大夫们日常生活中的一项必不可少的重要内容。与此同时,这些酷爱饮茶的文人墨客,也为饮茶技艺的提高和普及,以及改粗放饮茶为艺术品饮,做出了自己的贡献。

◇ 孙皓"以茶代酒"

生于公元242年的孙皓是三国时期吴国皇帝孙权的孙子,曾被封为乌程侯,其父孙和也曾做过南阳王。公元264年,吴王孙休病故,丞相濮阳兴见魏国已经攻灭蜀汉,东吴成为了下一个被灭的目标,而太子孙𩅦又年纪太小,难以担当保卫国家的大任,便改立孙皓为帝,改年号为"元兴"。孙皓是一个专横跋扈、骄奢淫逸的国王,他宠信佞臣岑昏,整天饮酒作乐,很快便失掉了民心。孙皓经常举行酒宴,招待群臣。在宴席上,孙皓有一个不成文的规定,凡参加酒宴者至少要喝酒七升,而且每次斟满杯后,要举杯一饮而尽,并亮杯以示酒已喝尽,喝不下者就令卫兵硬灌。当时的东吴有一位博学多才的大臣,名叫韦曜,是孙皓最宠爱的臣子之一。韦曜不会饮酒,二升酒下肚便会烂醉如泥,洋相百出,根本不可能完成七升的定量。为了能让他蒙混过关,孙皓专门吩咐倒酒的侍臣准备好清茶,在为韦曜斟酒时就以茶水替换。于是不胜酒力的韦曜再也不必为酒宴上的七升酒而发愁,每每举杯畅饮,显得比会喝酒的人还要豪爽。

韦曜以茶代酒的故事就这样流传下来。此后,以茶代酒一词还被许多的文人名士拿来一用,成为酒宴之上人们常常谈论的一个话题,并逐渐成为一个文雅的词汇。宋代大书画家米芾三十八岁时,曾应当时湖州

知州林希之邀，赴游苕溪小住，受到朋友们的热情款待，每天酒肴不断。一段时间下来，早已不胜酒力的米芾终于感到了不适，可朋友们的盛情依然难却。无奈之下，米芾只得学韦曜以茶代酒，这既不扫朋友们饮酒赋诗的雅兴，又避免了对自己身体的伤害，落了个皆大欢喜的结局。

再说韦曜，曾受孙皓如此厚爱，但俗话说"伴君如伴虎"，接下来发生的事就开始不妙。韦曜受孙皓命修《吴书》，孙皓想为自己的父亲孙和立本纪，执拗的韦曜以孙和没有登帝位为由表示不能同意，认为只可立传。孙皓为此事暗中对韦曜产生了不满，二人的矛盾由此开始，韦曜渐渐失去了孙皓的宠信，以茶代酒的待遇也慢慢被取消。不久，曾经对韦曜非常器重的孙皓终于找了个理由，将这位博学多才的江东名士推出斩首，家人也被流放零陵。这段"以茶代酒"的雅致典故最后竟是一个血腥的结尾。

宋代书画家米芾雕塑

残暴的孙皓以血腥的杀戮维护了自己不容挑战的权威，却没能维护好祖上辛辛苦苦打下的江山。公元280年，已取代魏国的西晋兵分六路攻吴，并很快攻入吴国腹地。同年3月，晋将王浚的水师首先逼近建业，孙皓走投无路，只得仿效刘禅，率领残存的文武百官，带着东吴的户籍图册，出城降晋。公元283年，投降后被晋武帝司马炎封为归命侯的孙皓病死洛阳，终年42岁。

◇李白诗赞仙人茶

李白字太白，号青莲居士，是唐代伟大的浪漫主义诗人。都说李白"斗酒诗百篇"，其实李白也好饮茶、评茶、颂茶，留有许多与茶有

唐朝诗人李白雕塑

关的诗篇。唐天宝三年（744年），从朝廷辞官后的李白，游历天下。一天游到金陵栖霞寺，巧遇在此为僧的族侄中孚。他乡遇亲，李白十分高兴，拉上中孚就要喝上几杯酒。可是中孚为出家人，戒酒戒肉，没法满足李白这个要求。但中孚心有自己的打算，他以茶代酒，邀李白同饮当地特产仙人掌茶。

时值黄昏，叔侄对坐禅房，外面浓荫密布，远山暮色笼罩，正是品茶的极佳环境。随着茶水轻沸，茶香漫来，禅房氤氲，那感觉情调实在比饮酒强上百倍。李白天下好茶也喝过不少，然而中孚所赠之茶，味道奇好，便向族侄打探起这仙人掌茶的由来。中孚介绍说，这茶出自玉泉山，山中有乳窟暗涧、溪流纵横，仿若人间仙境。仙人掌茶就长在这样的环境里，采天地之灵气，沐日月之精华，饮山间之甘泉而长成!中孚还向李白介绍了此茶是经过仙人手

北京玉泉山

掌抚摸，方叫仙人掌茶的故事。李白听罢，击掌大笑，说道原来这是仙茶呀，我做诗一首赠你，也不枉今日以茶代酒一回。诗成名为《答族侄僧中孚赠玉泉仙人掌茶并序》。诗曰：

常闻玉泉山，山洞多乳窟。
仙鼠白如鸦，倒悬清溪月。
茗生此石中，玉泉流不歇。
根柯洒芳津，采服润肌骨。
丛老卷绿叶，枝枝相接连。
曝成仙人掌，似拍洪崖肩。
举世未见之，其名定谁传。
宗英乃禅伯，投赠有佳篇。
清镜烛无盐，顾惭西子妍。
朝坐有余兴，长吟播诸天。

◇白居易与茶

白居易，字乐天，晚年号香山居士，又称醉吟先生。他是唐代新乐府运动的倡导者，一生存世诗歌两千八百余首；以茶为主题、叙及茶事的共有六十多首。在中国诗歌史上，咏茶诗数量之最的就是白居易。在白居易的诗中，不难发现诗人一生的嗜好唯诗、酒、琴、茶。白居易爱酒又不嫌茶，《唐才子传》称其"茶铛酒杓不相离"。茶酒犹如姐妹，通常出现在他同一首诗中："闲停茶碗从容语，醉把花枝取次吟。"在不同的环境中有时饮酒，有时饮茶："醉对数丛红芍药，渴尝一碗绿昌明。"茶是诗人最好的解酒物。而茶、琴又始终是白居易的伴随者，操琴品茗是诗人最惬意的享受。弹琴不能没有茶来伴："鼻香茶

白居易雕像

茶叶放到铁锅内用水煮一下，铁锅的腥味就会除去。

熟后，腰暖日阳中。伴老琴常在，迎春酒不空。""琴里知闻唯渌水，茶中故旧是蒙山。穷通行止长相伴，谁道吾今无往还。"白居易喜欢一边品茗一边吟诗："闲吟工部新来句，渴饮毗陵远到茶。"吟诗饮茶，兴味无穷。茶还激发诗兴："起尝一碗茗，行读一行书……夜茶一两杓，秋吟三数声。""或饮茶一盏，或吟诗一章。"这都是说茶助文思，茶助诗兴。好琴，癖茶，爱诗，嗜酒，使白居易无论仕途困顿还是高官显达，都能生活得充实洒脱。

白居易终生嗜茶，一天从早到晚茶不离口。早饮茶，午饮茶，夜饮茶，酒后索茶，睡觉索茶，觉醒又是索茶，生病时还是离不开茶，一生酷爱茶，自称是个别茶人。白居易在江州做司马时，有一年春天，清明节刚过，忠州刺史李宣给好友白居易寄来了新茶，当时正在生病的白

庐山香炉峰

居易连忙添汤舀水，碾茶投末，煎水煮茶。品尝新茗后，白居易神清气爽，更感到友情的温暖和分外的茶香，于是提笔即兴写下《谢李六郎中寄新蜀茶》诗：

故情周匝向交亲，新茗分张及病身。
红纸一封书后信，绿芽十片火前春。
汤添勺水煎鱼眼，末下刀圭搅曲尘。
不寄他人先寄我，应缘我是别茶人。

诗人在表达对友人寄茶的感谢之余，还不无自豪地自称别茶人。第一时间得到友人寄来的新茶，一是由于他们之间交情很深，二是由于白居易是个品茶行家，朋友让他好好品尝一番。

白居易还曾亲手开辟茶园种茶。白居易在给好友元稹的信中说了这段种茶生涯。白居易游览庐山，来到东西二林之间的香炉峰下，看见云水泉石，胜绝第一，爱不能舍，便建草堂而居，在香炉峰遗爱寺旁亲辟园圃，植药种茶，并有诗云："药圃茶园为产业，野麋林鹤是交游。"那时诗人引清流飞瀑浇灌茶树，种茶烹茗，乐天安命，自感满足。

茶水

茶情

种茶饮茶，回归大自然，诗人于清凉宁静中求得怡淡平和的心情，表示不愿离开此地，因为"人间多险艰"，故而白居易《山泉煎茶有怀》诗云：

坐酌泠泠水，看煎瑟瑟尘。

无由持一碗，寄与爱茶人。

诗人似乎处在一种无所事事的状态里，唯有以煎水煮茶为乐事。

唐代常州、湖州是名茶产地，常州贡茶阳羡茶、湖州贡茶紫笋茶，都是皇室珍爱的极品。两州官府为了制茶进贡，特地在两州交界处的顾渚花山上设置"境会亭"。每年茶季，两州官吏齐集"境会亭"举行茶宴，一面品新茶、赛新茶，一面协调督送贡茶。白居易在苏州当刺史时，夜闻两州州官在"境会亭"举行茶宴，写下了为人传颂的茶诗《夜闻贾常州崔湖州茶山境会亭欢宴》：

遥闻境会茶山夜，珠翠歌钟俱绕身。

盘下中分两州界，灯前合作一家春。

青娥递舞应争妙，紫笋齐尝各斗新。

茶叶

杭州灵隐寺

自叹花时北窗下，蒲黄酒对病眠人。

诗人描写了两郡太守在"境会亭"欢宴的情景：轻歌曼舞助茶兴，紫笋阳羡争斗新。诗人因坠马损腰未能参加茶宴，感到万分遗憾。

长庆二年（822年），白居易出任杭州刺史。治理州郡之余，白居易饱览了西湖的湖光山色，沉醉于西湖的香茗甘泉，与茶人诗僧品茗吟诗，酬答往来，留下了与灵隐寺韬光禅师汲泉煮茗的一段趣闻。

四川高僧韬光于唐穆宗时辞师出游，来到西湖天竺，后又到灵隐巢枸坞驻足，筑寺修行。白居易慕名往访，韬光以山茶相待，两人品茗吟诗，酬答唱和，结为诗友，又为茶友。

韬光寺中的烹茗井，传说就是当年白居易汲泉煮茗处。

白居易晚年闲居洛阳，不问世事，唯以诗酒琴茶自娱，举办文人茶会，文友相聚，以茶叙友情。

◇李冶与茶

李冶，字季兰，生于唐玄宗开元二十四年（736年），浙江吴兴人。她家是个书香门第，李冶从小就姿容秀丽，身段苗条。在父亲的指点下，自幼就学着做诗。她的母亲出身歌舞世家，一度沦落风尘，后为李冶的父亲看中，纳之为妾。李冶是他们夫妻爱的结晶。

李冶从小在母亲的教诲下也学会了弹琴。当她五六岁时，父亲抱着

她在庭中欣赏盛开的蔷薇,叫她吟诗,她当即吟了一首五绝,其诗最后两句是:

经时未杂却,心绪乱纵横。

含义是纵然花美,如无人培育,也必然零落漂浮。她父亲一听这两句诗,不由脸色阴沉,甚为不快。据他的预感,"诗以言志",其志已露在字里行间,这女孩将来会是很有才华,但必然会沦落风尘,是个不洁之妇。其父是个非常道学的正统人物,因这诗而起,以后就渐渐不喜欢她了。

在她八岁那年,其父不幸病逝,她母亲因为是"妾",又出身娼门,为李家的亲属所不容,被驱赶出门,自谋生路。丈夫死了,失去了主心骨,到了这步田地,她只好含着眼泪,强打精神,带李冶去重操旧业,但已人老珠黄,门庭冷落,她只好把生平掌握的歌舞之技悉心传授与女儿。李冶天资聪颖,不论是歌或舞,她一学就会,兼之她自幼受乃父的熏陶,具有诗才。这吴兴又是当时江浙的丝绸集散地,富商巨贾云集,文人墨客争来,由此,吴兴逐渐繁华,因而妓院这一行业也随之兴旺。李冶正在豆蔻年华,能歌善舞,又有漂亮的容颜,又写得一手好字,更有敏捷的诗才,因此一入娼门,就得到了人们的赏识。待到十五六岁时,已是名冠一时的名花绝艳了。

李冶

人的欲望是无止境的。她虽在吴兴已有名声,但并不甘就此止步。在唐代,道教被尊为国教,尊道之风盛行。一些有名的贵妃,如皇后武则天、杨玉环都曾经历过一段道士(女冠)的生涯。唐朝共有三百多个公主,曾经当道士的就有十余人。这种道士并不须虔诚斋戒,仍然享受

优厚的生活待遇。于是李冶萌生了去为女冠的念头。在一次当地官员欢迎著名诗人刘禹锡的宴会上,她写下了一首五律,暗明此意:

无事乌程县,蹉跎岁月余。

不知芸阁吏,寂寞竟何如?

远水浮仙棹,寒星伴使车。

因过大雷岸,莫忘八行书。

刘禹锡一见此诗,尤其是"远水浮仙棹,寒星伴使车",写出了刘禹锡旅途的辛劳、客居异地的寂寞,不由拍手叫绝,随即对县令说:"此女颇有才华,沦落风尘,实为可怜,如允其所愿,让她脱籍为冠,也是仁兄的一大德政啊!"这位县令一来也惜其才,二来刘禹锡乃当代文学家、杰出诗人,又是朝廷派遣下来的命官,也得看看面子,于是慨然应允。这样,她就由名妓成为了女冠。

唐朝诗人刘禹锡雕塑

当时的女冠比起佛尼自由得多,没有多少清规戒律,生活无须节制,知名度也较娼家名妓为高。李冶之所以要成为女冠,某种意义上也是为了追求更高的知名度。她一入观后,便与许多鸿儒来往,诗歌唱和。

有一次,著名

小贴士

蛋清或蛋黄污染衣服,不易洗净,可将衣服在茶水中浸泡20分钟,即可清除。

茶情

诗僧皎然慕名来访。她知皎然是当代名重一时的高僧，一见面时，见他堂堂仪表，道骨仙风，庄重而潇洒，且正值壮年，不由对他产生好感。待茶之后，两人开始畅谈。他们谈天说地，博古论今，谈诗论曲，畅所欲言，渐渐谈及道家的修身养性和人的七情六欲。正谈到关键要点时，李冶出乎意料一下子偎坐在皎然的怀中，纤纤玉手轻轻搂着他的脖子，以风骚的媚眼斜视着他，并声音娇媚地戏问他："你们佛、道两家讲究杜绝七情六欲，我现在坐在你的怀中，你还是心如死水、无动于衷吗？还是情不自禁、欲效鱼水之欢呢？"皎然被她这一举动弄得毛骨悚然，莫知所以，怕被旁人观之不雅，赶忙用手轻轻把她推开，并信手写下一首《答李季兰》的五绝。诗曰：

天女来相戏，惊花欲染衣。

禅心竟不起，还捧旧花归。

这诗和事一经传世，皎然名声大振，而李冶也更被人视为豪放之流，声誉更加显著了。

正在这时，一位对茶经卓有贡献的人才闯入了她的心扉，这就是号称"茶圣"的陆羽。

陆羽与皎然私交甚厚，听到皎然对李冶的介绍，特地到吴兴来访她。李冶从皎然处读到过他写的《会稽东小山》诗：

月色寒潮入剡溪，青猿叫断绿林西。

昔人已逐东流去，空见年年江草齐。

诗句清绝，意境清远，李冶深感敬佩。陆羽一来观，李冶当然热情接待，递茶送茗。中国的习俗，凡是客人来

茶叶

茶树

访必须先递上一杯热腾腾的香茗，民间的习俗也是来了客人就筛茶、递烟。茶、烟也是招待客人的必需之品，二者中以茶为首。李冶见陆羽来访，自然也按民俗民风的常规，以茶敬客。谁知陆羽仅向杯中看了一眼，说声："亏了你以诗才著称，料不到你还没摆脱庸俗之气。"

这话一出，李冶不由得吃了一惊："我还没与您正式交谈，怎么说我俗气？"

陆羽手往茶杯一指："就凭这杯茶已可看出。"

李冶平时也讲究喝茶，什么龙井茶、君山毛尖、绿茶、花茶等，各种名茶她都常调剂品味。她心知陆羽是个"茶圣"，他如此一说倒引起了李冶的好奇心，想听听个中奥妙。

陆羽说："茶是人生活必需之品，是养生之精，论其性它具有解热渴，驱凝闷，缓脑痛，明眼目，息烦劳，舒关节，荡昏寐，提神，醒酒等功效，长期服用，可以悦志，增益思考。"

这一番话，对李冶来说，不啻是听了一堂增进知识的讲座。她的确茅塞顿开，开始深入地认识到茶的性味和多种功能。

茶情

当晚,陆羽被留宿观中,一住就是半个多月。陆羽与之每日除谈诗以外,主要指点、传授她烹茶品茗的真传。陆羽毫不保守,她也留心学习,终于领会"茶经"的真谛。过了一段时间,由陆羽出面,邀了皎然、张志和、刘长卿、朱放等著名诗人到她观中品茗,并看她的操作。只见她吩咐寺观中的男仆从山上担了一担清泉之水,将水放置宜兴陶壶之内,放置文火之上煮沸。水开始沸时,加上一点点食盐,同时用小泥罐盛茶叶,在火上微微一烘。待到这罐水煮得滚开之时,先舀出一碗,再把茶叶从沸水中心投下,并把原来舀出的那碗水倒回,使沸水暂缓。待水表面上出现泡沫时,取下来倾入杯中。如此一来,果然味道醇美,清甜可口,香气四溢。这时她又端出香脆的南瓜子、亮晶晶的水晶糕和香喷喷的酱豆干。众人一面品茶,一面吃着这可口的点心,赞不绝口,都称她已得陆羽之真传,堪称茶中圣手。张志和平时爱品茶,他喝得最为得意,端着香喷喷的热茶笑着说:"李观主,你这女道士要改称'茶博士'、'茶神'了!这味道真美,你这徒弟可学到了家,得到了师傅真传密授的三昧真火啊!"说得大家一齐开心地笑了起来。

这次聚会之后,李冶除诗名之外,其善于煮茶,也名传四方。

公元783年,当时皇帝唐德宗闻李冶的诗名、茶名,又因他与皇太后并皇后等人都爱品茶,于是下诏召她上京觐见。这时李冶已四十多岁,但姿色不减当年。

苦丁茶

恰恰当她觐见之后,被皇帝看中。皇太后召她入宫的第二天,唐德宗的另一宠妃所生的三岁小儿得了惊厥之病,众医为之束手。她在观中得了皎然高僧所授的一本秘方,且皎然常与之谈些杂症的治疗,她对惊厥一症有些门道,于是马上毛遂自荐,愿为之急治。她看症状之后,马上启

古人煮茶待客

奏德宗，以苦丁茶、金虫矛、蜈蚣半条、真牛黄一分、香葱一握，用井水搅拌成泥，待泥质澄清，将此井水煮服。果然一服即愈。唐德宗颇为心喜，认为她是女中奇才，于是召幸了她。

公元784年，唐朝叛将发动政变，唐德宗仓皇而逃，李冶被弃在宫中。叛将首领入宫之后，寻觅后宫佳丽，见其仍是风韵宜人，尤其一身洁白细嫩的肌肤，强行要她侍夜。她为了活命不敢不从。但这场叛乱很快被平息了，唐德宗再度回京。因恼恨她的不忠，竟下令杀死了她。

李冶虽死，但她的茶道艺术却流传了下来。直到今天，吴兴一带还有人沿用她的烹茶方法煮茗待客。

◇赵州和尚与茶

中国禅宗史上有个名气很大的禅师，叫赵州和尚，几乎是无人不知、无人不晓。赵州和尚法名从谂，俗姓郝，唐代曹州郝乡（今山东曹县一带）人。他幼年出家，得道后，大部分时间住在河北赵州观音院，弘扬禅法，人称"赵州古佛"。这位禅师的言行超常，声称"佛是烦

恼,烦恼是佛"。其禅语法言传遍天下,时称"赵州门风"。

赵州和尚最著名的公案是"吃茶去"。"吃茶去"实际上是一则禅林法语,说起它的来历,却有一段有趣的故事。

赵州和尚嗜茶成癖,每日的口头禅就是"吃茶去"。一天,有位僧人前来赵州和尚处。赵州和尚问他:"你以前曾到过这里吗?"

僧人回答说:"曾经到过。"

赵州和尚说:"吃茶去。"

不久又有另一个僧人来到。赵州和尚问:"曾经到过这里吗?"

僧人如实回答:"以前不曾到过。"

赵州和尚对他说:"吃茶去。"

事后赵州禅院院主不解其意,问赵州和尚:"为什么到过也说吃茶去,不曾到过也说吃茶去?"

当时赵州和尚突然高声叫道:"院主!"

院主大吃一惊,不知不觉应了一声。赵州和尚马上就说:"吃茶去。"

深山禅院

遇茶吃茶,遇饭吃饭,平常自然,这是参禅的第一步。饮茶与悟道有着可了悟而不可言传的性质,所谓"佛法但平常,莫作奇思想",若想悟道,当不假外力,不落理路,全凭自家,忽地心花开发,便打通一片新天地。赵州和尚对曾经到过的僧人,对了悟的人和未了悟的人,都一样请他们"吃茶去"。这"吃茶去"充满了禅机。赵州和尚选用这不着边际、稀奇古怪的话头和机锋,作为开启智慧的偈语,目的就是要用一种非理性、非逻辑的手段,斩断枝蔓,直抵要害,使人顿悟,以达物我两忘的终极境

界。这便是禅意,也是一种心灵的自由、自然之境。

从赵州和尚的"吃茶去"公案来看,这位高僧爱茶已经到了极深的地步,因为当他到了物我两忘、心灵澄空的境界后,顺乎自然拈来的便是茶,吃茶对他来说已经成为同吃饭喝水一样的

大佛禅寺

一种本能。但这里的"吃茶去"已非单纯日常意义上的生活行为,而是借此参禅与了悟的精神意会形式,意味着佛法禅机尽在吃茶之中,故而清代湛愚老人《心灯录》称赞:"赵州'吃茶去'三字,真直截,真痛快!"开创临济宗的分支黄龙派的慧南禅师亦有偈语云:"相逢相问知来历,不拣亲疏便与茶。翻忆憧憧往来者,忙忙谁辨满瓯花。"

赵州和尚这三声颇有意味的"吃茶去"说出后,很快在佛教界流传开来,成为一句禅林法语,又称赵州法语,禅门称作"赵州禅关",在禅林中成为一大著名典故,经常在禅家的公案中为僧侣喜闻乐道。据《五灯会元》记载,僧侣说法回答中,其机锋用语常常用"吃茶去"。

参谒黄檗希运禅师而得法的道明,世称陈尊宿。有一次,他问僧人:"近离甚处?"僧人回答:"河北。"陈尊宿说:"彼中有赵州和尚,你曾到

小贴士

炊具沾了油垢,用新鲜的湿茶渣在炊具上擦几遍,即可将油垢洗去。如无新鲜的湿茶渣,用干茶渣加开水浸泡湿后亦可擦去油垢。

否?"僧人答道:"某甲近离彼中。"陈尊宿又说:"赵州有何言句示徒?"僧人就举例赵州法语"吃茶去"。陈尊宿听罢呵呵大笑说"惭愧"。

又如僧人问义存禅师:"古人道,不将语默对,未审将什么对?"义存禅师答道:"吃茶去。"再如僧人问从展禅师:"古人道,非不非,是不是,意作甚生?"从展禅师拈来茶盏,一而云:"更不再勘,且坐吃茶。"再而云:"败将不斩,且坐吃茶。"三而云:"拄杖不在,且坐吃茶。"禅机全在吃茶之中。

据《石堂偈语》载,清代著名法师祖珍和尚为僧徒开讲说:"此是死人做的,不是活人做的,白云凭么说了,你若不会,则你俱是真死人也,立在这里更有什么用处,各自归了吃茶去。"

这一佛界法语还广泛流传到了俗世间,不仅作为著名茶事典故入诗,而且在茶肆茶楼及茶人聚会的场所,也常常可以看到写有"吃茶去"的大招牌。

◇倪瓒与茶

倪瓒(1301~1374年),字元镇,号云林,常州无锡(今江苏无锡)人,元代著名的书画家。倪云林不仅精于书画,而且擅长园林建筑设计,苏州名园"狮子林"就出自他的构想。明代顾元庆《云林遗事》记录了有关他的一个故事。

倪云林曾居住在惠泉之侧,借此研茶鉴水。一天,他忽发奇想,用核桃、松子,和上一些真粉,做成园林假山盆景,置于茶汤中,取名为"清泉白石茶",别出新意,

倪瓒作品

又十分雅致，一时名声大噪。

有位南宋宗室后裔名叫赵行恕，仰慕倪云林的清雅品位，特来登门拜访。倪云林听说王孙之辈大驾光临，倒也不便怠慢，开大门相迎，延请上座，并让书童献上"清泉白石茶"以礼款待。此茶之雅，在于赏石之白，品泉之清，味茗之香。尤其是以一颗宁静淡泊之心，体验林泉中的闲情逸致。

倪瓒作品

可是，那位赵王孙绝非雅士，更非茶人。他大口喝茶，连吞带咽，贪婪的目光还不时地盯住层叠的假山白石，恨不得把这些核桃、松子肉统统吞下去。盛情雅意换来粗俗不堪，倪云林实在看不下去，拂袖离案，厉声道："我尊重你身为皇孙贵胄，所以特将如此好茶来待你，谁知你丝毫不解茶之风韵，真是个俗物！"说着，下了逐客令。

从此，两人再也不相往来。

倪云林就是这样，绝不会因金钱权势而改变自己的爱好、个性，因此人人称他为"倪迂"。倪云林还有一个特点，就是有点"洁癖"，这一特点也与饮茶有关。有这样一个传说：

一天，倪云林来了茶瘾，就让人到山中汲取七宝泉水来瀹茶。仆人辛辛苦苦从山里挑来了七宝泉水，准备给主人煎水品茶，没想到倪云林只取前一桶水烹茶，将后一桶水倒到脚盆里，哗啦哗啦洗起脚来。众人大惑不解：七宝泉水质地绝佳，得来不易，为什么随意暴殄天物？倪云林解释说："前一桶水不会碰到什么脏东西，所以用来瀹茶；后一桶水说不定会被担人的屁污秽，所以只能用来洗脚。"

倪云林耍名士派头，完全没有必要。且不说屁是无法溶解到水里的，即便确有点污秽，你怎知仆人挑水途中换肩，不会把前后桶换了一下？为求保险起见，应该将两桶水统统倒掉，那么倪大名士的茶瘾又如

何消解?

所以,对于文人的"迂",也应具体分析。倘若蔑视富贵荣华、个性狷介不为世人理解,是值得称颂的,至少是可以理解、接受的。如果以"迂"自得,凡事都要显示"个性",偏偏与众不同,故意标新立异,恐怕就很难让人认可了。

◇ 唐伯虎与茶

唐伯虎,名寅,又字子畏,号六如居士、桃花庵主、逃禅仙吏等。他是江苏吴县(今江苏苏州)人,明代著名书画家、文学家,一生才气惊人,却终生不得志。二十九岁中乡试第一,会试因涉科场舞弊案而被革黜,下狱谪为吏,遂无意仕途,放浪形骸,遍游名山大川,致力于绘画,以卖画为生。曾筑室桃花坞中隐居,终其毕生精力而成为一位擅长山水、人物、花鸟,兼及书法、诗文的艺术家,与沈周、仇英、文征明合称明代画坛"吴门四家"。

唐伯虎

唐伯虎嗜好香茗,对家乡名茶东山茶,尤为喜爱,曾作《翠峰游》诗赞曰:

自与湖山有宿缘,倾囊刚可买吴船。

纶巾布服怀茶饼,卧煮东山悟道泉。

唐伯虎眷恋湖山,更爱饮茶,不惜倾囊买船,怀揣茶饼,游览太湖,更高卧洞庭东山,以翠峰悟道,以名泉煮东山名茶,面对湖光山色,开怀畅饮,对茶的嗜爱已到了痴迷的程度。

这位爱茶的才子画家,创作了许多茶画。这些茶画的意境或于山间

清泉之侧烹茶鼓琴，或与茶友古亭赏景品茗，或于江畔独自举瓯品饮……画面内容与画家的心志融为一体，反映了画家不求仕途、隐迹山林、瀹茗闲居的生活情趣。《事茗图》是唐伯虎茶画的代表作。画面近处是山崖巨石古木，远处是云雾弥漫的高山峻岭，隐约可见飞流瀑布，潺潺流水由远及近；画面正中一片平地，有数椽茅舍依山傍水，前立凌云苍松，后遮成荫翠竹；茅舍之中一人正倚案读书，案头摆着茶壶、茶盏等茶具，墙边是满架诗书，侧旁小室一童子正在扇火烹茶；茅舍右方小溪上横卧板桥，一老者策杖于板桥上缓缓而来，身后随着一个抱琴侍童，似乎是应邀前来品茗弹琴。画家用细长线条写山，造成一种流动的风姿，与动静相宜的人物的怡情惬意融为一体，表现出当时文人学士借瀹茗弹琴追求一种闲适隐归的生活志趣，也使人看到唐伯虎遁迹山林、超然物外，与自然合一的心迹。

　　唐伯虎还有《品茶图》、《煎茶图》、《卢仝煎茶图》、《斗茶图》、《烹茶图》、《煮茶图》等茶画，浓缩了唐伯虎瀹饮闲居生活的映像。《品茶图》画峰峦叠嶂，一泉直泻，山下林中一椽茅舍，一老一

唐伯虎画作——《品茶图》

茶情

少，老者悠闲地坐着品茶，少者为一童子，蹲在炉边扇火煮茶。画上有唐伯虎自题诗云：

买得青山只种茶，峰前峰后摘春芽。

烹煎已得前人法，蟹眼松风朕自嘉。

《烹茶图》画中一隐士在高山修竹下，坐在一躺椅上，右边一小童正蹲在炉前煮茶，旁边的茶几下摆着各种茶具。这隐士手拈胡须，似乎与清风、高山、修竹浑然一体，在短暂而易逝的生命中超越了万物，达到了生存的最高境界。这些茶画可视作唐伯虎为自己事茗生活所画的自况图。

明正德四年（1509年）初夏，曾自言有茶癖的礼部尚书吴宽回家乡与唐伯虎相遇。唐伯虎慕其名士风致，欣然为其作《慧山竹炉图》。画中二人在梧桐树下对坐饮茶，竹炉置于石凳，一童扇炉，一童汲水。清代法良《跋唐六如祝枝山竹炉图咏卷》描述此图云：

"六如居士在明为一代名手，所画人物山水深得北宋及宋元人遗意。士气作家皆备，落笔古雅，品兼神逸，诚明四家中自树一帜。此《慧山竹炉图》为吴文定公作，卷止四尺，树木山石超逸绝伦，坐床者似为鲍翁照；傍坐一僧观枝山诗，或即冰蘗和尚，不知是否？至神采奕奕，识者自解。"

吴宽得唐伯虎为其所绘《慧山竹炉图》，喜吟《竹茶炉诗》，又请诗书画名家祝允明题诗。祝允明吟罢七律四

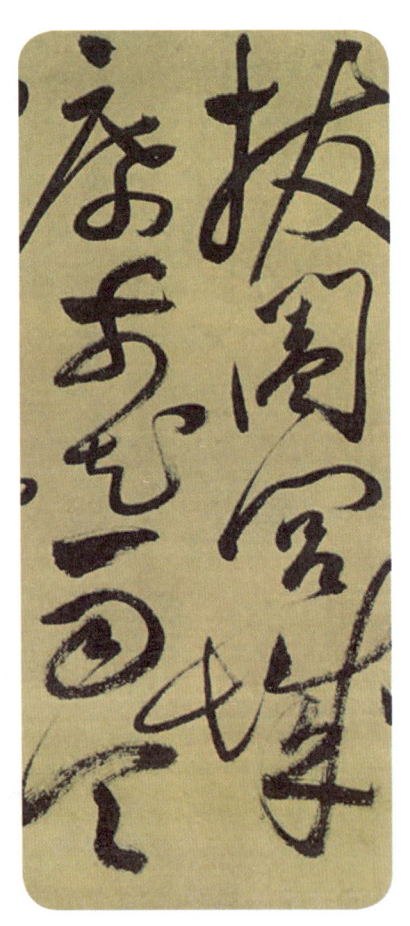

唐伯虎茶友祝允明的书法作品

首，亲书于《慧山竹炉图》卷后，诗书俱佳，与唐画堪称双璧，为中国茶文化中珍品。

唐伯虎与祝允明为志同道合的茶友书朋，两人茶事趣闻甚多，茶诗猜谜颇有文人情趣。一日祝允明去找唐伯虎，却被唐伯虎拦在门口。唐伯虎说："我刚作一则诗谜，你猜得着有好茶相待。"接着唐伯虎吟道：

言有青山青又青，两人土上看风景。

三人牵牛少只角，草木丛中见一人。

祝允明听后，不假思索，就迈开大步，径自走进屋内坐下，并叫道："茶来！"唐伯虎见状，立即奉上一杯香茶，拱手作揖，说："你不愧谜界高手，佩服！佩服！"原来唐伯虎诗谜谜底是：请坐，奉茶！

唐伯虎一生爱茶又喜酒，闲来品茶，愁来饮酒，茶诗茶画托物抒怀，从品茶中自得慰藉、自得乐趣。

◇甘泉山人汪士慎

汪士慎是"扬州八怪"之一，为清代著名画家、诗人、书法家和金石篆刻家。尤其是他的画，笔致疏落，随意勾点，清妙多姿，超然出尘，气清而神腴，墨淡而趣足。笔意幽秀，秀润恬静之致，令人耳目一新。在精工诗、书、画、印这"四绝"之外，汪士慎最精通的就是品茗了，故而他又有"茶仙"之誉。

苏东坡有一句名言"宁可食无肉，不可居无竹"，说的是这位大文豪喜竹爱竹的程度。而汪士慎嗜茶，已经到了"饭可终日无，茗难一刻废"的痴迷地步，比起苏轼之爱竹，真是有过之而无不及。据说汪士慎的茅屋里经常是高朋满座，然而他待客时从不置酒，只在篱畔树下，置藤椅竹床，香茗一壶，瓷盅数盏，"煮茗当清尊"而已。他的好友高翔作一幅《巢林先生小像》，画的是汪士慎啜茶的写真。画面上，汪士慎一袭长袍，屈膝而坐，仙风道骨，状态闲雅，左手端着茶杯，做怡然品

茗状。虽寥寥几笔，但怡然淡泊之神态跃然纸上。

汪士慎既然这么嗜茶，朋友们便投其所好，经常送名茶给他，以乐其心志。管希宁既是汪士慎的诗友画友，又是他的书友和茶友，他二人秉性相投，经常在一起乐游，或探梅赋诗，或品茗赏画。有一次，管希宁得到泾县名茶，自然没有忘了他的"茶仙"朋友，于是邀请汪士慎到他的斋室品饮。汪士慎饮罢，顿觉五脏六腑清净芬芳，于是挥笔写了《幼孚斋中试泾县茶》条幅。这首七言长诗，气韵生动，笔致动静相宜，方圆合度，结构精到，茂密而不失空灵，洒脱又暗相呼应，恰到好处地描绘了两人日常交游中的一个精彩镜头：

汪士慎山水画

> 不知泾邑山之涯，春风茁此香灵芽。
> 两茎细叶雀舌卷，蒸焙工夫应不浅。
> 宣州诸茶此绝伦，芳馨哪逊龙山春。
> 一瓯瑟瑟散轻蕊，品题谁比玉川子。
> 共向幽窗吸白云，令人六腑皆芳芬。
> 长空霭霭西林晚，疏雨湿烟客忘返。

文人在品茶的时候，还喜以雪水煎茶。"雪者，天地之积寒也"，曹雪芹在《红楼梦》中即写有妙玉用五年前收集梅花上的积雪水，来烹老君眉茶的记述。大文人袁枚亦有梅花雪水煎茶的雅兴，品时自有一种"秋江欲画毫先冷，梅水才煎腹便清"的感受。汪士慎曾为别人画过

一幅《乞水图》，画中一翁，持瓮请求主人赠他以雪水，以便烹茶。画的就是汪士慎向好友焦五斗乞雪水煎茶之事。由此可见文人喜以雪水煎茶，这也是一种对水的情感吧！

汪士慎清贫恬淡一生，他的晚年是孤寂窘困的，只有几个书画挚友不时来他的茅屋探望他。乾隆二十四年，汪士慎在他的城隅草屋中与世长辞，享年73岁。这位像梅花一般一生疏淡的老人生命虽逝，其人品、诗品、茶品却仍然"香如故"。

◇文人饮茶与喝酒、吟诗

饮茶与喝酒、吟诗，在人类生活史上有相同之处，又有相异之点，在许多场合，还相互联结，相映成趣，从而丰富了人们的艺术生活。

首先，说说茶与酒。在日常生活中，有"茶思益，酒壮胆"之说。喝酒多了，会给人以刺激、兴奋和激动，几大碗酒落肚，终使喝酒者吐所欲吐，怒所欲怒；遂后是猜拳行令，借酒消愁，把酒骂座，激发起对现实以外事物的向往，这就叫"酒后吐真言"，甚至给人以幻觉，把自己带入神奇的世界之中。

不过，文人饮酒的结果，往往是美丽的诗句。

东晋诗人陶渊明的"悠悠迷所留，酒中有深味"。

唐代大诗人李白的"天子呼来不上船，自称臣是酒中仙"。

小贴士

陶渊明，（约365～427年），东晋末期著名诗人、文学家、辞赋家、散文家。曾做过几年小官，后辞官回家，从此隐居。田园生活是陶渊明诗的主要题材，相关作品有《饮酒》《归园田居》《桃花源记》《五柳先生传》《归去来兮辞》《桃花源诗》等。

茶情

茶水

北宋大诗人苏东坡的"明月几时有,把酒问青天"。

所有这些美丽的诗篇,几乎把喝酒看做是进入天堂的云梯,使人有飘飘欲仙之感。但随之而来的又是"举杯消愁愁更愁","拔剑四顾心茫然"的悲怆、失落之感。最后只落得"但愿长醉不复醒"的境地,痛哭于穷途末路。所以,民间有"喝酒误事"之说。

饮茶多了,也能给人以刺激兴奋,但它与酒不同,更多是乐而不乱,嗜而敬之,一切在有条不紊地进行,使人在冷静中反思现实,在深思中产生联想,在联想中把自己带到生活的彼岸。

唐代诗人卢仝,好茶与陆羽并称,别号玉川子,一生著作颇丰,但

却贫困潦倒，以至"宿春连晓不成米，日高始进一碗茶"，以茶代食。他的咏茶诗篇《走笔谢孟谏议惠寄新茶》，人称《七碗茶诗》，常被人引为典故。他每饮一碗茶，都有一层体会，虽一连品茶七碗，仍不乱性。有诗曰：

　　日高丈五睡正浓，军将打门惊周公。
　　口云谏议送书信，白绢斜封三道印。
　　开缄宛见谏议面，手阅月团三百片。
　　闻道新年入山里，蛰虫惊动春风起。
　　天子须尝阳羡茶，百草不敢先开花。
　　仁风暗结珠琲瓃，先春抽出黄金芽。
　　摘鲜焙芳旋封裹，至精至好且不奢。
　　至尊之余合王公，何事便到山人家？
　　柴门反关无俗客，纱帽笼头自煎吃。
　　碧云引风吹不断，白花浮光疑碗面。
　　一碗喉吻润；两碗破孤闷；
　　三碗搜枯肠，唯有文字五千卷；
　　四碗发轻汗，平生不平事，尽向毛孔散；
　　五碗肌骨清；六碗通仙灵；
　　七碗吃不得也，唯觉两腋习习清风生。

诗中既没有喝多酒后的那种亢奋，没有"呼天号地"式的激愤，一切处在冷静和淡泊中，最后甚至回归现实，"安得知百万亿苍生命，堕在巅崖受辛苦"，忧及种茶人的辛苦。

从上可知，茶和酒虽然都能给人以刺激，这是共同点。但刺激的结果不同，酒使人产生"狂热"，茶使人"冷静"，这是茶文化与酒文化的重要区别之一。

由于饮茶和喝酒的结果往往不一，于是智者提议，在生活中要"多饮茶，少喝酒"。说来奇怪，历史上还曾出现过"茶酒之争"，这就是

记于宋开宝三年（970年）的《茶酒论》。作者以流畅的笔调、拟人的手法，流露出来对茶、酒的褒和贬。该文读起来朗朗上口，看起来"入木三分"，颇有意趣，也能说明问题。现摘录如下：

四川邛崃市文君井

"窃见神农曾尝百草，五谷从此得分。轩辕制其衣服，流传教示后人。仓颉致其文字，孔丘阐化儒因。不可从头细说，撮其枢要之陈。暂问茶之与酒，两个谁有功勋？阿谁即合卑小，阿谁即合称尊？今日各须立理，强者先饰一门……酒店发富，茶坊不穷。长为兄弟，须得始终，若人读之一本，永世不害酒颠茶风。"

不过，茶的刺激，又能解除酒的昏沉与呆滞，所以，茶和酒往往出现在同一诗人手迹。唐代大诗人白居易《萧员外寄新蜀茶》诗曰：

蜀茶寄到但惊新，渭水煎来始觉珍。

满瓯似乳堪持玩，况是春深酒渴人。

宋代有许多文人，他们提倡以茶解酒渴、醒宿醉，常借用汉代辞赋家司马相如的典故来说明问题。司马相如与才女卓文君双双私奔，在成都邛崃卖酒，后来司马相如因饮酒过度，患消渴病，恹恹而死。后世出现了不少要用茶去疗他酒疾的诗句。如王令的"与疗文园消渴病，还招楚客独醒魂"；惠洪的"道人要我煮温山，似识相如病里颜"，苏东坡的"列仙之儒瘠不腴，只有病渴同相如"。

特别值得一提的宋代黄庭坚的《品令·咏茶》词，说：

"凤舞团团饼，恨分破，教孤零，金渠体净，只轮慢碾，玉尘光莹，汤乡松风，早减二分酒病。味浓香永，醉乡路，成佳境，恰似灯下

盖碗茶

故人，万里归来对影，口不能言，心下快活自省。"

在词中，黄氏首先说他自己在醉眼蒙眬之中，碾煎小龙凤团茶，虽未入口，但在煎茶声中，已减酒病。接着，作者又说烹茶饮茶的感触，犹如游子万里归来，虽相对无言，"恰似灯下故人"。

南宋诗人陆游，非常喜欢喝酒，也酷爱饮茶，但在茶与酒之间如果只能选其一的话，则陆游在诗中明确表示："难从陆羽毁茶论，宁和陶潜止酒诗。"在他的另一首茶诗中，还说："饭囊酒瓮纷纷是，难尝蒙山紫笋茶。"在茶和酒之间，要选择的话，陆游说，宁可要茶而不要酒。

柴米油盐酱醋茶，茶是人民生活的必需品；琴棋书画诗酒茶，茶还是文化生活的精神"食粮"。诗、酒、茶虽有区别，但又有着紧密的联系。

◇用茶取名行号

在历史上，中国人起名都是十分讲究的，绝不随意而立。"一保之立，句月踯躅"指的就是这个意思。所以，从古至今，一个人的姓名、别号，乃至书斋堂屋、书集画册，无不刻意求精，绝无半点马虎，它们或寓意、或托志、或祝愿，特别是名人，更是引经据典，抒发情怀，寄

茶情

托相思。而在中国饮茶史上,大凡名人总是与茶结缘,他们爱茶嗜茶、崇茶尚茶,以茶洁身自好。明代孙一元有诗云:"平生于物元(原)无取,消受山中水一杯。"它表白的就是这种心态。所以,在历史上有许多名人,他们有用茶入自己的别号、书斋名,甚至文集名的。

茶人别号,始于唐代"茶圣"陆羽。他毕生事茶,不仕不娶,开天辟地写了世界上第一部茶叶专著《茶经》。"自从陆羽生人间,人间相学事新茶",始有"天下益知饮茶"之事。晚年曾居江西上饶茶山寺,亲自开山植茶,号"茶山御史"。唐代杰出的现实主义诗人白居易,酷爱饮茶,并且对茶、水、器的选择配置和火候定汤很有讲究,自称自己为"别茶人"。

宋代,江西提刑曾几因遭奸相秦桧排斥,隐居于当年陆羽居住的江西上饶茶山,他爱慕茶的精行俭德,也追慕陆羽的高风亮节,故而步陆羽之尘,自号"茶山居士",并将所著文集亦定名为《茶山集》。宋代理学家朱熹,也好茶尚茶,还在福建做过茶官,提倡种茶,追求茶的质朴无华,平淡自然。他在福建武夷山紫阳书院讲学时,总爱与茶人品茶论理。他在《茶坂》诗中还谈了亲自上山采茶煮饮的情景,对茶的情感溢于言表。他曾为避免"庆元学案"的迫害,在给文人的书信和题诗中,不写真名,题款"茶山",这是朱熹为政治斗争需要所取的一个别号。

元代名士卢廷璧,嗜茶成癖,被明代小说家冯梦龙收入《古今谭概•癖嗜部》,可见他癖茶之深。他别号"茶庵庵"。据书载,他平生嗜茶,收藏有僧人讵可庭的十件茶具,将它们奉若神灵,经常穿着整

朱熹雕塑

齐，向其跪地作揖。

明代戏剧家汤显祖，深谙茶事，平时以茶自好，一生写过许多茶诗，他的剧作中也常常提到茶事，后来，又将他的书斋命名为"玉茗堂"，并自号为"玉茗堂主人"，将所著的文集亦题名为《玉茗堂集》。"玉茗"一词，实为茶的雅称。汤显祖以"玉茗"为其名、斋、集之名，《宇内琐闻记》解释此为寓意汤显祖的高洁流芳。有鉴于此，时人称他所创的艺术流派为"玉茗堂派"，其创作的剧作《南柯记》、《邯郸记》、《紫钗记》和《牡丹亭》，后人合称其为"玉茗堂四梦"，亦是人们对汤显祖爱茶的赞颂。

明代文学家王浚，毕生爱好茶，为此他将自家的屋名定名为"茗醉庐"。其祖王无功，性嗜酒，号称"斗酒学士"，作有《醉乡记》。明代吴宽《匏翁家藏集》卷二十一作有《题王浚之茗醉庐》曰：

小贴士

沈贞，明朝文学家，自号茶山老人。生卒年均不详。性介笃学，安贫乐道。博通经史，尤长于诗。留有《茶山集》二卷。

> 昔闻尔祖王无功，曾向醉乡终日醉。
> 醉乡茫茫不可寻，后世唯传《醉乡记》。
> 君今复作醉乡游，醉处虽同游处异。
> 此间亦自有无何，依旧幕天而席地。
> 聊将七碗解宿醉，饮中别得真三昧。
> 茅庐睡起红日高，书信先回孟谏议。
> 陆羽卢仝接迹来，仍请又新论水味。

不从卫武歌抑诗,

初筵客散多威仪。

无功先生安得知,

醉乡从来分两歧。

王浚和王绩,虽为一门相承,但醉乡有别,一是茗醉,一是酒醉,当属两歧了。

明代文学家沈贞,

茶水

常是茶不离口,笔不离手,饮茶和写作是生活的两大爱好,为此他的别号为"茶山老人",他的文集亦题名为《茶山集》。明代的屠隆,性嗜茶,还精于烹茶,喜以茶会友,居处常高朋满座,四壁贮有各地香茗,经常饮茶与朋友分享快乐,为此,他索性将自家的居处定名为"茶居"。

此外,明代还有与沈周同时代的书画家王涞,别名"茗醉";文学家姚咨的居室名为"茶梦庵",别号是"茶梦主人";文学家钱促毅居室名为"煮茗轩"。

明末清初文学家彭孙贻,工诗,嗜茶,他将自己的书斋命名为"茗斋",传世之作有《茗斋杂记》、《茗斋诗余》等。清初常州词派创始人张惠言,是嘉庆进士,官居翰林院编修,平日与茶结缘,洁身自重,自号"茗柯",将书斋定名《茗柯集》。自此,"茗柯"就成了这饱通经学大家的别号、书斋和文集之名。

"茶癖"杜濬也是明末清初人,为明末贡生,明亡后,不愿做"两截人"出任清廷,寓居江宁(今南京)鸡鸣山,深居山乡,以茶相伴,工诗作文,自号"茶星",还嫌不足,又号"茶村"。他喜品茶,谓茶有"四妙":湛、幽、灵、远。自述"家中有绝粮,无绝茶"。说他与茶的关系是:"吾之于茶,性命之交也。"平日连剩茶也不忍舍去,集于净处,用土封存,名曰:"茶丘",并作《茶丘铭》记文。

清代大学者俞樾，为道光进士，学问渊博，在群经、诸子、语言、训诂以及小说、笔记方面，皆有撰著。这样一位大学问家，也经不住茶香的诱惑，其妻姚氏也以品茗自好。为此，他将自己的住处定名为"茶香室"，将所著的文集冠以《茶香室丛钞》、《茶香室经说》。此外，还有清人靳应升，别号"茶坡樵子"，居室取名"茶坡草堂"；杨伯润，其号为"茶禅"；闻元晟的别号叫"茗崖"；张深的别号是"茶农"。这种以茶入名的做法，在清代最为时髦。更引人入胜的是清代满铁保的室名，为"茶半香初之堂"，长达六字，其名意味深长。

其实，这种以茶为人名之举，古人有之，今人又何尝不是如此呢？如近代文化名人周作人，自言"常到寒斋吃苦茶"，竟将他的书斋命名为"苦茶庵"，自称"苦茶庵主"。以后，又有人称其为"苦茶上人"。又如近代著名茶学家庄晚芳教授，毕生事茶，终身与茶为伴，生前签名题词，常以"中华茶人"作闲章，以"茗叟"落款。至于以"茶人"、"艮茗"、"茶夫"为别称的更是常见，这充分体现了茶在人们心目中的地位，也是历代文人墨客对茶崇拜和爱戴的一种反映。在农村，老人常常爱称小孩为"茶茶"，就是例证。仿佛以茶入名，自有茶气长存，茶香缠身之感。

◇茶禅之缘

茶自古就与禅宗结缘。

茶水

西汉时的吴理真是蒙顶山甘露寺的禅师，法名叫普慧，理真是他的俗名。他在上清峰顶取北斗星座之数植茶七株，茶树"有云雾覆其上，若有神物护之者"，春茶开采，仪式非常隆重。县令选好黄道吉日，官员幕僚沐浴更衣，斋素

河南嵩山少林寺

戒荤，集结到山，焚香跪拜一番后，再选十二位僧人走进茶园，每芽取一叶，共采365叶，代表一年的12月和365天。然后当场焙制，入瓶封装。一切完备，策马进京，入贡京都。由此孕育的蒙顶茶，汉唐就是名茶。

河南嵩山以少林寺而天下闻名，传说也曾与茶结缘。北魏孝文帝延兴五年（475年）印度高僧达摩来到嵩山，并于五乳峰下的一处石洞内面壁修禅，达摩面壁，昏昏沉沉，一怒之下自割眼皮，弃置地上。眼皮抛下处，冒出一棵茶树，弟子从树上摘叶煎饮，达摩饮后参禅不再瞌睡。《景德传灯录》还记载：达摩禅师面壁时

惠明茶

佛祖赐茶给他，参禅时饮茶，驱赶心魔。他嚼茶时，入口觉得涩，又转苦，最后才品出醇。达摩由此参悟禅机，创立了禅宗。

小贴士

看电视时，饮上一杯茶可以有效地抵御电视机显像管发出的有害射线。茶水还可中止胃癌诱发物——亚硝酸盐在口腔内的形成。

惠明茶最早创制时也是出自寺院。相传从前赤木山有个寡妇蓝二婶，孤身一人拉扯着三岁的女儿山明，砍柴度日。一天，二婶在山坡拾柴，忽见一个枯瘦老和尚，靠在松树下流泪。二婶赶过去，问："老人家，怎么了？"连问几遍，老和尚只是张嘴，却说不出话。二婶把老和尚背回家，舀来山泉给老和尚喝，喝过山泉的老和尚缓过来了，此后老和尚在二婶细心照料下，体力渐恢复。痊愈后的老和尚拿出身上带着的茶种，教小山明种植，种子发芽长成小树苗后，老和尚又教二婶把嫩叶摘下，锅炒搓揉再烘干，最后贮藏起来。一天小山明起来再找老和尚，却不见踪影，只见一纸条上写着，"这茶叫'云雾茶'，煎喝能醒脑、明目、清胃、润肺、洗肠、通气，可治病。"原来老和尚已不辞而别。

这老和尚本是罗汉所变，他见二婶心地善良，又贫穷可怜，就特意送来茶叶。于是二婶用云雾茶给人治病，消息传开，许多人来求茶，二婶的生活也好转，她便用女儿山明的名字，给这茶取名为"惠明茶"。

黄山，为著名黄山毛峰产地，据传其前身的黄山云雾茶也是出自僧人之手。

最早在黄山修行的僧人知道饮茶后打坐，不易瞌睡，他们便在寺院后栽下小茶树。由于黄山气候湿润，每年有大半年的时间，茶树都躲在云雾中，僧人便给这些茶树取名，叫做"黄山云雾"。清代康熙《黄山

茶情

志定本》:"云雾茶,山僧就石隙微土间养之。"《黄山志》则说:"莲花庵旁就石隙养茶,多轻香冷韵,袭人断肠,谓之黄山云雾。"如今珍品黄山毛峰茶园,主要就分布在桃花峰桃花溪两岸的云谷寺、松谷庵、吊桥庵、慈光阁及半山寺周围,这无疑是与历史上的黄山僧人植茶有关。

唐代昭宗天复年间,九华山上来了一僧一道,这僧道二人均来自四川峨眉,因心仪地藏王才慕名而来,一心一意修行,宿在山巅的石洞,饿则以野果、野草充饥。日子久了,身子水肿,头昏眼晕,必须寻药医

茶具

治。一天，他们采回茶叶，煮后饮用，发现症状有所减轻，二人从此经常采来茶叶，摊放在溪边石块上晒干收藏。久晒茶叶的石块上从而留下茶渍斑斑。天长地久，后人称晒茶石为"黄石"，称僧道居住过的石洞为"道僧洞"，称山顶飞瀑流泻而成的小溪为"黄石溪"，那茶就叫"黄石天云茶"。

后来又有金地藏菩萨上山，接手黄石天云茶，供坐禅祛睡和寺院施茶所用。并经常打坐、煎茶，"携道侣于前汲泉烹茗"。对于山茶，更是精心

九华毛峰茶

侍奉，小心呵护，茶叶越长越旺，一代一代传下去，便有了今天的"九华毛峰茶"。

第八章

茶事掌故

苏轼游径山

小贴士

绿茶中的茶多酚有较强的收敛作用，对病原菌、病毒有明显的抑制和杀灭作用，对消炎止泻有明显效果。我国有不少医疗单位应用茶叶制剂辅助治疗急性和慢性痢疾、阿米巴痢疾、流感，有效率可达90%左右。

径山，历史上以佛教圣地、茶道祖庭而闻名，有著名的千年佛教古刹径山寺。径山寺始建于唐朝，在宋朝时径山禅寺已成为江南"五山十刹"之冠。相传法钦和尚在此结茅传教，为径山开山寺僧，被赐封为"国一禅师"。鼎盛时，此处殿宇楼阁林立，僧众达3000，被誉为"东南第一禅寺"。

径山出产优质名茶"径山茶"。径山产茶历史悠久，始栽于唐，闻名于宋。清代《余杭县志》载"径山寺僧采谷雨茗，用小缶贮之以馈人，开山祖法钦师曾植茶树数株，采以供佛，逾年蔓延山谷，其味鲜芳特异，即今径山茶是也"，充分说明了径山茶与佛教的深厚渊源。径山茶与僧而来，径山寺、双溪四岭、兰花坪一带，既是景区，又是产茶区。这里古木参天，翠竹掩映，流水淙淙，云蒸霞蔚，气候温和湿润，雨量充沛，土质肥沃，结构疏松，对茶树生长十分有利。游人漫步景区，但见溪流纵横，竹林茶园相间，一片鸟语花香，十分惬意。

径山云雾茶为中国名茶，径山茶外形细嫩紧结显毫，色泽绿翠，内质有独特的板栗香且香气清香持久，滋味甘醇爽口，汤色嫩绿明亮，叶底嫩匀。

径山的"径山茶宴"享誉海内外。"茶宴"是径山寺以茶代宴的一种专门仪式，内容有献茗、闻香、观色、品味、论茶、交谈等程序。日

本茶道就是由700多年前中国径山的茶宴演变而来的。

南宋端平二年（1235年），日本圣一国师圆尔辨圆来到中国，师从径山寺无准法师。留住径山期间，他不仅苦修佛学，还学习种茶、制茶技术。

径山风光

回国后，他把从径山带去的茶籽播种在静冈县的安培川和邡科川，后又传播径山寺"抹茶"制法及"茶宴"仪式，从而促进了日本茶道的兴起。二十四年后，日本东福寺大应国师南浦绍明渡洋来径山求学，回国时又将径山寺的茶道具等带回日本，并在日本传播径山寺的"点茶法"和"茶宴"礼仪，使日本茶道更趋规范。"径山茶宴"经两位日本国师传播到日本之后，经过多年的改进演化，最终演变成盛行至今的日本茶道。

宋时，佛教兴起，香火日盛。以茶助禅，参禅悟道，成为一种风尚。茶与禅结下了不解之缘。而居"五山十刹"之冠的径山，更是茶以禅名，禅助茶兴。每年春季，径山都要举行茶宴，由法师亲自主持，然后献茶于僧客。一时间，进山品茗论道者日众。

当时大文豪苏东坡久慕径山大

小贴士

茶叶中的咖啡碱可刺激肾脏，促使尿液迅速排出体外，提高肾脏的滤出率，减少有害物质在肾脏中滞留时间。咖啡碱还可排除尿液中的过量乳酸，有助于使人体尽快消除疲劳。

苏东坡雕塑

名，一日来游径山寺。方丈见其衣着平常，以为只是寻常香客，不以为然。只淡淡说："坐。"又转身对小和尚喊："茶。"小和尚于是端上一杯普通的茶。稍事寒暄后，方丈感觉来人谈吐不俗，气度非凡，便改口"请坐"，并喊小和尚"敬茶"。又经过一番深谈，方丈得知来者乃大诗人苏东坡时，情不自禁地说："请上坐。"接着又喊小和尚"敬香茶"，并研墨铺纸以求墨宝。东坡先生一思忖，提笔写了副对联。上联是"坐，请坐，请上坐"，下联是"茶，敬茶，敬香茶"。方丈看罢，满脸通红，羞愧难当。

品茗中走出的神怪鬼魅

清朝康熙初年的盛夏，在山东淄川蒲家庄大路口的几株参天的大槐树下，经常可以看到一个与众不同的茶摊儿。在这个茶摊旁，整天坐着一位身着粗布短衫的清秀书生，书生身边的小矮桌上放着一把大茶壶和

几只粗瓷大碗，还有一包当地出产的烟丝。每有行人走过，书生就恭敬地站起身来，拱手邀对方坐下，喝茶、抽烟，休息片刻。书生有个规矩，吃茶抽烟是不收茶钱烟钱的，吃茶人只要讲一段比较离奇的所见所闻即可。于是来往行人都喜欢在这个茶摊歇脚聊天，说说各种奇闻逸事。讲得口渴了，书生马上献上一碗茶，让人润嗓把故事讲完。这个书生就是中国的短篇小说之王——蒲松龄。

蒲松龄于明崇祯十五年出生在山东淄川一个世代书香的门第之中，字留仙，号柳泉居士。蒲松龄的祖父中

蒲松龄雕塑

过进士，做过河北玉田县令，父亲是个秀才，科举考试失利后，弃儒从商，家道开始中落，到蒲松龄这一代，已经非常清贫了。蒲松龄幼时跟随父亲读书，到十九岁时，经史子集，无所不通，在县、府会考中都名列第一，后来院考又列榜首，一时名贯乡里。但不幸的是，此后却屡试不第。为了养家糊口，他开始以"舌耕"为业。随着年龄的增长，冷落了名利场的蒲松龄逐渐将兴趣和志向投入到文言小说的创作中去，在村口设茶摊儿听人们闲谈，就是他收集素材的常用方法。

由于地处路口，蒲松龄的茶摊经常能搜集到许多有趣的故事。有一天，有两个身背包袱的中年人风尘仆仆路过这里，蒲松龄请他们在茶摊前坐下，一边倒上香茶，一边笑请两人把他们在外地的见闻讲给自己听。二人坐下，其中的一个先讲了一个茶的故事。说杭州灵隐寺有个和尚，因精通烹茶之道而闻名乡里，所用的茶具都十分精致，寺中收藏的名茶也异常丰富，有多个等次。有人来时，他常常根据来客的贵贱而定该用哪一等级的茶。一天，寺里来了一位朝中大官，和尚依惯例恭恭

小贴士

喉头发炎，声音嘶哑，可能是感冒，就医前，用冰糖泡浓茶喝上几大杯，立刻会觉得口腔清爽，痛苦减少。

敬敬地迎上去行礼，然后拿出好茶，以上好的泉水烹好后献给大官品饮，希望能得到大官的一番夸奖。可一直等到茶杯见底，大官依然一声不吭，当然更没有给以称赞。和尚站立良久，终于忍不住问道："大人觉得这茶是否可口？"大官端起茶杯，拱了拱手，说："嗯，很热，很热呀！"蒲松龄听了这个故事，一下被逗得前仰后合，差点笑得背过气去。另一个青年见了，也趁势讲了一个相似的故事，说他们老家有一个叫张幼量的鸽子迷，善养各种名鸽，对待它们像母亲对待孩子一样。张幼量的父亲有位做官的好朋友，见他的鸽子品样不错，便让人前去讨要。为了让父亲高兴，张幼量选了两只最珍贵的白鸽送去，同时也希望得到那位官员的赏识。几天以后，张幼量见到那位官员，问起鸽子的事儿，官员满意地说："不错不错，挺肥美的，是煮着吃的。"

这两个同一性质的笑话，对蒲松龄触动很大，使他深受启发。到了晚上，蒲松龄坐在灯下，把白天听到的故事仔细回味一番，加工演义成篇，写成了《鸽异》。一个非常有趣的故事就这样诞生了。

就这样，日子一天天地过去，蒲松龄不知疲倦地在坐在茶摊旁，不断地从南来北往的人们口中搜集着一个又一个神奇的传说，经过二十余年的辛苦，终于写就了《聊斋志异》这部中国古典小说的珍品。

茶马交易

对于我国西部地区食肉饮酪的少数民族，茶与粮是同等必需品，有"一日无茶则滞，三日无茶则病"之说。古时战争，主力为骑兵，马是

西藏茶马交易

战场上决定胜负的重要条件。于是历代统治者采取控制茶叶供应，开展以少量的茶交换少数民族战马的茶马交易，实行以茶治边政策。

唐肃宗李亨至德元年至乾元年间，蒙古驱马市茶，开了茶马交易的先河；宋代茶政严厉，于成都、秦州各置榷茶买马司，其后以提举茶事兼马政，改称都大提举茶司；元代废除了宋代实行的茶马政策；到了明代，不仅恢复了宋朝的茶马政策，而且变本加厉，把这项政策作为统治西北地区的重要手段。明太祖洪武年间，上等马一匹，最多只换茶60千克，平均每匹马换不到20千克茶叶。

明朝茶法严明，据《明史·食货志》载："律例丝茶出境与关隘失察者，并凌迟处死。盖西陲藩边，切莫诸番，番人持茶为生，故以严法以禁之。易马之酬之，制番人之死命，壮中国之藩篱，断匈奴之左臂，非常法论也。"

明朝借茶叶贸易以巩固边防是一项有效的国策。明洪武年间（1368～1398年），朱元璋的女婿欧阳伦任都尉，奉命出使西域时带了

一批私茶,想发笔大财。他有恃无恐,心想:刑不上大夫,何况皇帝是我丈人!朱元璋知道了这件事,怒不可遏,顾不得女儿守寡不守寡,下令将欧阳伦判处死刑,令其自杀。欧阳伦是历史上第一个因走私茶叶而掉脑袋的人。

清代茶政执行松弛,私茶多,交易中则花费多而获马匹少。到雍正十三年,官方经营茶马交易制度停止。至此,茶马交易实施将近700年。

马换《茶经》

唐朝末年,各路藩王纷纷割据,与朝廷对抗。唐皇为了平息叛乱,急需军用马匹。

北方的回纥国,出产宝马,每年派使者到唐朝来,以马换茶。

这一年,正值金秋,唐使按照过去的惯例,带上一千多担上等好茶叶,囤积边关。

过了两天,回纥的使者到了,他们带来了马匹,也囤积在边关。

唐使站在边城箭楼上远眺,只见远处白马似白云飘扬,黄马似黄金流动,黑马似乌龙搅水,红马似火球翻滚。好一批战马,果然名不虚传。

唐使心中大喜,打开边关大门,迎接回纥使臣。

西南茶马古道

只听回纥使臣说道:"今年想与天朝上国换一本种茶制茶的书,名叫《茶经》。"

唐使没有见过这本书,又不好言明,只好顺水推舟地问道:"贵国打算用多少马匹换我们这本书呢?"

回使说:"千头良马,换取《茶经》。"

唐使大吃一惊,忙问:"这是不是国王的旨意?"

回使说:"我身为使者,自然代表国王旨意。"

两位使者写好国约,画了押。

唐使星夜赶回朝廷,向唐皇禀奏此事。

唐皇急传集贤殿众学士查找那本书。那些文人学士翻遍了书库,也没有找到《茶经》这本书。

这一下,唐使急了,因为双方订的协议是有期限的。日期一到,失约者受罚不说,唐皇急用的马匹也就到不了手。

太师出班奏本说:"十几年前,曾听说有个陆羽,他是品茶名士,

西塔寺

小贴士

手指灼伤后，浸在凉茶中，可缓解灼伤的疼痛感。

因为是山野之人，谁也没有重视他。《茶经》也许是他写的，如今只有到江南陆羽住地去查。"唐皇准了奏，立刻派员先到湖州苕溪边上。只见陆羽寓居的茅庐早已破败。追问当地茶农，经茶农指点，官员赶到杼山妙喜寺去访问。因为那里有和尚，和陆羽交游甚密。到了妙喜寺，才知道那个和尚早已圆寂。寺中青年方丈说："听师父讲过这本《茶经》，陆茶神活着时，就带到家乡竟陵去了。"

官员听后，只得星夜上路，奔赴竟陵。一到竟陵城，就到西塔寺访问。

西塔寺的和尚说："茶神在世时，是写过不少书，听说他带到了湖州。"官员连日奔波，一听，又转回去了，好不丧气，一点法子也没有，只好准备回京师复命。

他骑在马上，正准备动身，这时候，只见一秀才拦住马头，高声说："我是竟陵皮日休，来向朝廷献宝。"

官员问他："你有何宝可献？"

皮日休捧出《茶经》三卷。官员真像得了天上星星，连忙滚鞍下马，双手捧住，揣在怀里。

官员说："我到京师后，向朝廷推举你。这个《茶经》你可有底卷？"

皮日休说："还有抄本，正在请匠人刊刻。"

官员回朝交了旨。

唐使来到边关，把《茶经》递给回纥使者。

回纥使者好不容易得了无价之宝，立刻将千头良马如数交给唐使。

从那以后，《茶经》开始传到外国，并有多种文字译本，供各国茶人研究。

娇嫩的茶叶

苏东坡有一句诗叫"从来佳茗似佳人"（见《次韵曹辅寄壑源试焙新茶》诗），形容好茶如美女，写得颇为雅致。

其实，在人类的一切"爱"之中，爱情无疑是最强烈的、至高无上的。从本质上说，它是人类、也是一切物种得以衍生的根本原因，因而也是人类最纯洁、最高尚的情感。所以，对于美女的爱，作为一个男人，难以抗拒。所谓"爱美之心，人皆有之"，"英雄难过美人关"，十分正常。

既然如此，那么，怎样表达对茶叶的至爱呢？古人就把青翠欲滴、芬芳扑鼻的好茶，视为美女。明人许次纾《茶疏》说：

一壶之茶，只堪再巡。初巡鲜美，再则甘醇，三巡意欲尽矣。余尝

与冯开之戏论茶候,以初巡为婷婷袅袅十三余,再巡为碧玉破瓜年,三巡以来,绿叶成阴矣。开之大以为然。

"戏论茶候"中,多少沾有明代文人声色之好的不良习气。推究起来,可能与许次纾的身世经历有关。许次纾,字然明,号南华。其父许茗山官至布政使。许次纾生性大方,挥金如土,好蓄奇石,好品泉,又好客,还喜好外出旅游,当然最爱好的就是饮茶,唯一不爱的就是如何挣钱,家道也在他手中败落。为什么会落到这一地步呢?除了个性原因外,许次纾还"跛而能文"。有才华,偏偏身残体缺。从心理学角度看,这类人极易受伤害,亦易偏激,一旦偏激,便大胆得出奇,敢为人先,敢于炫耀,敢说人所不敢言。

同样将茶比美人,他的好友冯开之说得就比较委婉些。《梅花草堂笔谈》载:

冯开之先生喜饮茶,而好亲其事。人或问之,答曰:"此如事美人,如古法书画,岂宜落他人手!"闻者叹美之。

娇艳的茶花

以美人喻茶,已经够浪漫的了,如若佳茗加佳人,岂非愈加风流倜傥?唐代崔珏《美人尝茶行》这样描写:

云鬟枕落困春泥,玉郎为碾瑟瑟尘。
闲教鹦鹉啄窗响,和娇扶起浓睡人。
银瓶贮泉水一掬,松雨声来乳花熟。
朱唇啜破绿云时,咽入香喉爽红玉。
明眸渐开横秋水,手拨丝簧醉心起。
台前却坐推金筝,不语思量梦中事。

美人春睡,玉郎奉茶,朱唇啜茗,明眸渐开,何等美艳。可惜,这位美女并不十分领情。最后两句写她默默无语,心中思量的,分明是梦中的"他"。到了明代,星移斗转,男尊女卑,美人只剩下捧茶的资格,品茗人换成了男子汉大丈夫。请看明代"后七子"领袖、文坛盟主王世贞的词《解语花·题美人捧茶》:

中泠午汲,谷雨初收,宝鼎松声细。柳腰娇倚,熏笼畔,斗把碧旆碾试。兰芽玉蕊,勾引出清风一缕。鬒翠娥斜捧金瓯,暗送春山意。

小贴士

经常喝乌龙茶的人,身体质量指数和脂肪含有率都比少喝的人低。这是因为乌龙茶同红茶及绿茶相比,除了能够刺激胰脏脂肪分解酵素的活性,减少糖类和脂肪类食物被吸收以外,还能够加速身体的产热量增加,促进脂肪燃烧,减少腹部脂肪的堆积。

微裛露鬟云髻,瑞龙涎犹自恋纤指。流莺新脆低低道:卵酒可醉还起?双鬟小婢,越显得那人清丽。临饮时须索先尝,添取樱桃味。

茶情——第八章 茶事掌故

扑朔迷离的一幅古画

《萧翼赚兰亭图》高27.4厘米,宽64.7厘米,绢本,设色,无款印。画后面有宋代绍兴年间进士沈揆、清代画家金农的题款,以及明代成化年间进士文征明的跋文。画的作者相传是唐代著名人物画家阎立本。

画面上共有5个人。中间一位是80

《萧翼赚兰亭图》(部分)

高龄的和尚辩才,手持拂尘,正在夸夸其谈;一位是书生模样的萧翼,正在听老僧说话,表面上洗耳恭听,但掩盖不了自得之色;另有一僧侍立其间。右面是烹茶的老人和侍者。老人蹲坐蒲团,手持茶铛置于风炉上,一副精心调制、烹茶的样子;侍者手捧茶托、茶碗,欲等茶汤烹好,端给主人和来客萧翼。风炉上的铁锅汤水沸腾,方形茶桌上有茶托、茶碗、茶碾和茶罐。画面上,人物神态各异,惟妙惟肖,形象地反映出当时民间的茶具、茶俗和茶礼。

应该说,这是美术史上的珍品、茶文化的珍贵资料。而且,在这幅画的背后,隐藏着一个十分凄凉而又扑朔迷离的故事。

众所周知，书圣王羲之《兰亭集序》是书法史上的"天下第一行书"。后来，《兰亭集序》为王羲之七世孙智永和尚所藏。智永年近百年之际，将它传给了得意弟子辩才，就是画中的那位老僧。辩才严守师命，在大梁上凿了个暗槛，把《兰亭集序》珍藏其中。

时值唐代贞观年间，太宗李世民独爱书法，尤其欣赏王羲之的字，发誓要收尽王羲之的墨宝。可是，长期以来，

王羲之

偏偏见不到《兰亭集序》的踪影。经过反复查询，他终于得知在辩才手中。唐太宗大喜，将辩才请入宫中，以礼相待，慢慢地将话题引到《兰亭集序》上。可是，老谋深算的辩才一口咬定此帖已不知下落。太宗几次三番地请辩才进宫，都没有结果，整天没有好心情。于是，尚书仆射房玄龄向太宗推荐监察御史萧翼，让他来完成这一艰巨的任务。萧翼向太宗借了一些王羲之父子的帖，便去执行使命了。

萧翼一路来到越州，身着黄衫，打扮成书生模样，走进辩才所在的永欣寺。两人邂逅，寒暄一番后，进入禅房，"即共围棋抚琴，投壶握槊，谈说文史，意甚相得"。辩才十分欣赏萧翼的才气，将萧翼留宿在寺中。

如此这般，过了好几天，萧翼对辩才说："弟子先祖，皆传二王法书，弟子亦从小把玩，身边带有数帖。"辩才高兴极了，执意要萧翼取出一看。辩才将几本帖一看过，露出失望的神态，颇为矜持地说："是

即是亦，然不佳善。贫僧倒有一真迹，不同寻常。"萧翼一问，是《兰亭集序》，欲擒故纵，讥笑着说："数经离乱，真迹岂在？想必是伪作而已！"辩才被激怒了，约定明天一起看《兰亭集序》真迹。

小贴士

将泡过的茶叶用来煮水洗涤丝质的衣服，能保持衣物原来的色泽而光亮如新，洗尼龙纤维的衣服，也有同样的效果。

第二天，萧翼应约而来，辩才取出《兰亭集序》。萧翼压制住心中的狂喜，一本正经地说是伪作，两人展开激烈的争论。辩才滔滔不绝地陈述理由，萧翼只是恭听，但心中的喜悦很难掩饰，只是辩才太激动了，竟然没有察觉。这就是《萧翼赚兰亭图》的画面内容。

那天，辩才把《兰亭集序》给萧翼看过后，没有放回房梁上。几天后，趁辩才临时走开，萧翼借口取帖，骗小和尚进了书房，将《兰亭集序》和几本杂帖卷走。到了地方衙门，萧翼以御史身份传见辩才，向他说明奉旨来取《兰亭集序》。辩才一听，顿时昏厥，没几天就魂归西天了。

这真是个令人扼腕的结局。辩才轻信，辜负了老师的期望，丢了帖，也丢了命。萧翼却在奉旨的借口下，骗了一位诚挚、热心的老人，一个与世无争的和尚，当然，他赚了画，也赚了名利和地位；但是，他丢的是诚信和良心。

故事还没有结束。有趣的是，宋代有人提出，这幅画不是《萧翼赚兰亭图》而是《陆羽点茶图》！宋代的《广川画跋》列举各种理由，说画的是代宗年间，唐代宗请来智积和尚，暗请陆羽，让陆羽替老师煎茶，试试智积是否非陆羽的茶不喝。

20世纪60年代，我国书法界、学术界对王羲之《兰亭集序》书迹真伪展开过一场大讨论，其中有文章涉及《萧翼赚兰亭图》的真伪问题，认为图中老僧的禅榻、麈尾、水注的形制，以及书生的幞头、煮茶的风炉形状等，均为"五代、北宋时出现的，皆唐初所未见"；

阎立本《步辇图》（部分）

和传世的阎立本《步辇图》、《历代帝王图》相比较，笔意不相似，此画应该是五代或北宋的人物故事图。有人以为，就是《陆羽点茶图》。

如果确实是《陆羽点茶图》的话，中国茶文化史上又添了一份异彩。但是，画的作者就不可能是阎立本了，因为陆羽出生时，阎立本已经死去六十多年。那么，这幅画究竟出自何人之手？又是一个谜！总之，《萧翼赚兰亭图》的真

小贴士

乌龙茶能提升自律神经、副交感神经的活动，能预防因压力过大造成的暴饮暴食以及因为想抑制焦躁而拼命吃东西的窘境，并有助减肥

伪、作者等,至今还是个扑朔迷离的"悬案",也许永远是个"无头案"。

世界各国、各地区饮茶习俗

随着东西方文化交流日益频繁和便捷,世界各地出现了形形色色的饮茶习俗,逐渐形成了全球性的茶文化。全世界有一百多个国家和地区的居民都喜爱品茗,有的地方把饮茶品茗作为一种艺术享

蒙古咸奶茶

受来推广。各国的饮茶方法并不相同,各有千秋。

◇蒙古

蒙古是中国的近邻。蒙古人饮用砖茶者居多,也有小部分人喝红茶,但普遍对咸奶茶情有独钟。制作时先打碎茶砖,再用木臼捣碎,放入特制的铁锅里,加适量的水煮沸,掺入约为水量的五分之一的奶,并加适量的盐,煮沸即可饮用。这种咸奶茶每天喝三次,早上、中午、晚上,还佐以炒米泡在咸奶茶里食用,滋味清香酥脆,爽口开胃。咸奶茶解渴,解油腻,也可健身防病,可饱腹。常喝这种茶,对适应高原气压低、干燥和寒冷的环境有好处。

◇苏联各民族

俄罗斯民族在欧洲各民族中向以"礼仪之邦"自居,他们学习欧洲其他国家贵族们附庸风雅的派头,也效仿中国的茶礼、茶仪。

小贴士

据实验证明,红茶中的茶多碱能吸附重金属和生物碱,并沉淀分解,这对饮水和食品受到工业污染的现代人而言,不啻是一项福音。

从烹调方法上划分,苏联亚洲境内各民族大体有下列饮茶方式:

第一种,是格鲁吉亚式。

这种烹茶方式属清饮系统,近似欧洲,但又不完全等同于欧洲其他国家。其做法有点类似中国云南的烤茶。这种泡茶法需用金属壶,饮茶时先把壶放在火上烤至100度以上,然后按每杯水一匙半左右的用量将茶叶先投入炙热的壶底,随后倒温开水冲泡几分钟,一壶香茶便冲好了。这种泡法要求色、香、声俱佳,不但要看着红艳可爱,而且在烹调过程中闻得到幽香,还要在倒水冲茶时发出噼啪的爆响。所以,要求在炙壶的火候、操作的手法上都十分精巧熟练。这种烹茶方式在苏联亚洲地区一些民族中很流行。

第二种方法是蒙古式。

苏联的蒙古式奶茶,是典型的调饮系统。这种烹茶方式需用绿茶砖。先将茶粉碎研细,每升水大约放二至三大匙茶,加水煮滚。然后放入约水量四分之一的奶,牛奶、羊奶、骆驼奶都可以。再加一汤匙动物油,如牛油之类。与我们所知的蒙古奶茶不同的是,还要加入一些大米、小麦和盐。这些东西放在一起煮,大约20分钟可以饮用。这种苏

式蒙古奶茶大体流行在伏尔加河、顿河以东的地域，与辽代北部边地相交错。

第三种方法是卡尔梅克族的饮法。

这种方法实际烹调的也是奶茶，但添加物没有那么多。这种茶通常不用砖茶而用散茶。先要把水煮开，然后投入茶叶，每升水约用茶一两（50克），然后倒入大量动物奶共同烧煮，分两次搅拌均匀，煮好滤去渣子，即可饮用。其实，这种煮茶方法和今之蒙古奶茶非常类似。不同的是，蒙古奶茶是用茶砖，而卡尔梅克族是用散茶。

◇印度

马萨拉茶是印度人的最爱。制作简单，只需在红茶中加入姜和小豆蔻即可。虽然制作简单，但喝茶的方式却奇特之极：茶汤调制好后，并非斟入茶碗或茶杯里，而是倒在盘子里，而且不是用嘴去喝，也不是用吸管吸饮，是伸出舌头去舔饮，称之"舔茶"。

◇斯里兰卡

斯里兰卡的居民尤其喜欢喝浓茶。又苦又涩的茶汤，在他们嘴里却觉得津津有味。该国红茶畅销世界各地，在首都科伦坡有经销茶叶的大商行，设有试茶部，由专家凭舌试味，再核等级和价格。

◇泰国

泰国人爱喝冰茶，就是在泡好的茶水里加冰，使茶水冷却，甚至冰冻，谓之冰茶。在泰国，当地茶客不饮热茶，要饮热茶的通常是外来的客人。

泰国北部山区的人民有食腌茶的习俗。这一带气候温暖，雨量充沛，野生茶树多。由于交通不便，制茶技术落后，只能自制自销腌茶。腌茶是一种菜肴，嚼食，其制作方法与我国云南的腌茶一模一样，是从

斯里兰卡红茶

我国云南南部传过去的,通常在雨季腌制。腌茶的吃法奇特,将香料与腌茶充分拌和以后,放进嘴里细嚼,又香又清凉。每年,这一带要制这种腌茶4000吨左右,供本地人民食用。

◇英国

英国饮茶，自17世纪中期即已开始。1662年葡萄牙凯瑟琳公主嫁与英国查理二世，饮茶风尚带入皇家。凯瑟琳公主视茶为健美饮料，嗜茶、崇茶而被人称为饮茶皇后。由于她的倡导和推动，使饮茶之风在朝廷盛行起来，继而又扩展到王公贵族和贵豪世家及至普通百姓。

英国家庭泡茶

茶是英国人普遍喜爱的饮料，80%的英国人每天饮茶，茶叶消费量约占各种饮料总消费量的50%。英国本土不产茶，而茶的人均消费量占全球首位，因此，茶的进口量长期稳居世界第一。

英国人尤爱汤浓味醇的牛奶红茶和柠檬红茶，喝茶时间多数在上午10时至下午5时。倘有客人进门通常也只有在这时间段内才有用茶敬客之举。英国人对午后饮茶尤为重视，其源始于18世纪中期。英国人重视早餐，轻视午餐，直到晚上8时以后才进晚餐。由于早晚两餐之间时间长，中间时常有饥饿之感。为此，英国公爵斐德福夫人安娜，就在下午5时左右请大家品茗用点以提神充饥，这一举动深得当时人们的赞许。此后，午后茶逐渐成为一种风习，延续至今。如今在英国的饮食场所、公共娱乐场所等都有供应午后茶的。在英国的火车上，还备有茶篮，内

放茶、面包、饼干、红糖、牛奶、柠檬等，供旅客饮午后茶用。午后茶实质上是一餐简化了的茶点，通常只供应一杯茶和一碟糕点。但在招待贵宾时，内容会更加丰富，比如还会举办茶歌、茶舞等。

◇ 美国

美国是个讲求效率的国家，美国人也不愿意把时间和精力浪费在冲泡茶叶和倾倒茶渣上，因此，喜欢喝速溶茶。所以，美国至今仍有不少人对茶叶只知其味，不知其物。在美国，茶消耗量非常大，仅次于咖啡，不过不是中国式的，而是欧洲风味的。美国市场上也有产自中国的乌龙茶、绿茶等上百种茶，但多为罐装的冷饮茶。美国人饮茶与泰国人相仿，大多数人喜欢饮冰茶，而非热茶。饮用时，先在冷饮茶中放冰块，或事先将冷饮茶放入冰箱冰好，闻之冷香沁鼻，啜饮凉齿爽口，顿觉胸中清凉，如沐春风。遗憾的是，由于这种茶以饮凉为主，便没有中国茶沏出的那种品味，那种温馨，那种悠闲，喝茶的情调也荡然无存了。

◇ 北非

地处北非的摩洛哥、突尼斯、毛里塔尼亚等国，民众大都喜欢喝绿茶，但大多喜欢在茶叶里加入少量红糖或冰块，也有加入薄荷叶或薄荷汁的，称为"薄

小贴士

许多人爱吃鱼，可又不喜欢那股鱼腥味。试试把鱼放进温茶水中泡洗，一般一条500～1000克的鱼，可用1杯浓茶兑成淡茶水，把鱼放进去泡5～10分钟，鱼就没有那么腥了。

荷茶"。这种茶清香甜凉，喝起来很是爽口。由于北非居民一般信奉伊斯兰教，不许饮酒，但可饮茶，因此饮茶成了待客佳品。有客人到访，见面三杯茶，按礼节，客人应当着主人的面一饮而尽，否则就是失礼。

卖茶的北非女人

◇ 马来西亚

拉茶是马来西亚传自印度的饮品，用料与奶茶差不多。调制拉茶的师傅在配制好料后，即用两个杯子像玩魔术一样，将奶茶倒过来倒过去，由于两个杯子的距离较远，看上去好像白色的奶茶被拉长了似的，成了一条白色的粗线，十分有趣，因此为被为"拉茶"。拉好的奶茶像啤酒一样充满了泡沫，喝下去十分舒服。拉茶据说有消滞功能，所以马来西亚人在闲时都喜欢喝上一杯。

◇南美

南美许多国家，人们用当地的马黛树叶子制成的茶就是马黛茶，既提神又助消化。他们是用吸管从茶杯中慢慢吸饮品味马黛茶的。

◇加拿大

加拿大人也爱喝茶，但他们的泡茶方法比较别致。其做法是，先将陶壶烫热后放入适量茶叶，然后以沸水注于其上，浸七八分钟后，再将茶叶倒入另一热壶中饮用。还喜欢在茶水中加入乳酪与糖。

◇肯尼亚

肯尼亚横跨赤道，属于热带草原型气候，终年气候温和，雨量充沛，土壤呈红色，并属酸性土壤，适宜茶叶生长。由于历史上肯尼亚人民长期受英国的殖民统治，喝茶习俗也深受英国影响，主要是饮红碎茶，也有喝下午茶的，喜欢在冲泡红茶时加糖。过去只有上层社会才饮茶，如今平民百姓也喜爱喝茶，在街面上已可看到饮茶的场所。绿茶在肯尼亚的出现是最近几年的事。

◇摩洛哥

茶通过中国丝绸之路，穿越阿拉伯世界，来到了北非的摩洛哥。摩洛哥人均信仰伊斯兰教，不喝酒，其他的饮料也很少，于是这里饮茶之风很甚。摩洛哥人上至国王，下至市井百姓，每个人都喜喝茶，可以说茶已成为摩洛哥人文化的一部分。逢年过节，摩洛哥政府必以甜茶招待外国宾客，摩洛哥百姓也有客来敬茶的礼俗，在日常的社交鸡尾酒会上，必须在饭后饮三道茶。所谓的三道茶，是敬三杯甜茶。用茶叶加白糖熬煮的甜茶。通常比例是1千克茶叶加10千克白糖和清水一起熬煮。

 茶情

主人敬完这三道茶才算礼数周备。在酒宴后饮三道茶，口齿甘醇，提神解酒，十分舒服。

肯尼亚茶园